STEM教育培训系列

WeDo 2.0 乐高机器人 初级教程
（第2版）微课视频版

◎ 摆玉龙 主编　陈辉 范满红 副主编

清华大学出版社
北京

内 容 简 介

本书内容主要包括22个乐高WeDo 2.0实验项目和WeDo 2.0机器人套装器件介绍,每个实验项目包括阅读与思考、设计与制作、程序编编看、拓展与提高、检测与评估、STEAM内涵和英语角等栏目。本书通过引导学生利用WeDo 2.0套件搭建生活中常见的模型,探索生活中的科学原理,初步理解力、速度、电机、集线器等重要的自然科学技术领域的基本概念,同时锻炼学生的英语表达能力。

本书可作为面向中、小学生综合实践活动的机器人教育课程教材,也可以供对机器人感兴趣的中、小学生在自学乐高机器人时参考。

本书封面贴有清华大学出版社防伪标签,无标签者不得销售。
版权所有,侵权必究。举报:010-62782989,beiqinquan@tup.tsinghua.edu.cn。

图书在版编目(CIP)数据

WeDo2.0乐高机器人初级教程:微课视频版/摆玉龙主编.—2版.—北京:清华大学出版社,2022.10
(STEM教育培训系列)
ISBN 978-7-302-61866-9

Ⅰ.①W… Ⅱ.①摆… Ⅲ.①智能机器人-教材 Ⅳ.①TP242.6

中国版本图书馆CIP数据核字(2022)第173485号

责任编辑:付弘宇
封面设计:刘 键
责任校对:焦丽丽
责任印制:沈 露

出版发行:清华大学出版社
  网　　址:http://www.tup.com.cn,http://www.wqbook.com
  地　　址:北京清华大学学研大厦A座　　邮　　编:100084
  社 总 机:010-83470000　　邮　　购:010-62786544
  投稿与读者服务:010-62776969,c-service@tup.tsinghua.edu.cn
  质量反馈:010-62772015,zhiliang@tup.tsinghua.edu.cn
  课件下载:http://www.tup.com.cn,010-83470236
印 装 者:小森印刷霸州有限公司
经　　销:全国新华书店
开　　本:203mm×260mm　　印　张:8.5　　字　数:193千字
版　　次:2019年12月第1版　2022年10月第2版　印　次:2022年10月第1次印刷
印　　数:1~2500
定　　价:69.00元

产品编号:096607-01

第2版前言
... PREFACE

2017年9月,教育部颁布《中小学综合实践活动课程指导纲要》,其指导思想是以培养学生综合素质为导向,强调学生综合运用各学科知识认识、分析和解决现实问题,提升综合素质,着力发展核心素养。其中,设计制作类综合实践活动要求学生运用各种工具进行设计并动手操作,将自己的创意方案付诸现实,注重培养学生的技术意识、工程思维、动手操作能力等,鼓励学生手脑并用,灵活掌握、融会贯通各类知识和技巧,提高自身的技术操作水平和知识迁移水平,体验工匠精神。

本书基于上述思想而编写,可作为面向小学生开设的综合实践活动类机器人教育课程的教材,以 WeDo 2.0 乐高机器人套装为平台,引导学生搭建生活中常见的动物、植物和交通工具等模型,理解科学概念,探索科学原理。同时,学习编写程序,让作品动起来,初步掌握如何将编程和科学原理应用于现实生活。

《WeDo 2.0 乐高机器人初级教程》第1版自2019年出版以来,受到读者的厚爱,作者对此表示衷心的感谢。本书是在第1版的基础上加以修改和增订而成。本次修订主要参照教育部于2017年2月发布的《义务教育小学科学课程标准》(后文简称《小学科学标准》),从物质科学、生命科学、地球和宇宙科学、技术与工程四个领域,把探究活动作为学生学习科学的重要方式。强调学生从熟悉的日常生活出发,通过亲身经历动手动脑等实践活动了解科学探究的具体方法和技能,理解基本的科学知识,发现和提出实际生活中的简单科学问题,并尝试用科学方法和科学知识予以解决,在实践中体验和积累认知世界的经验,提高科学能力,培养科学态度,学习与同伴的交流交往与合作。

同时,本次改版增补了全书作品的制作讲解视频,修订了文字的不确切之处,旨在进一步加强本书的实用性和科学性。读者扫描本书封底"文泉云盘"二维码、绑定微信账号之后,即可扫描本书所有中的二维码,观看所有作品的制作讲解视频和英语短文的译文等。本次改版还将第1版中附录B"WeDo 2.0编程学习"的内容作为免费资源提供,读者扫描本页二维码即可阅读和学习。

本书由摆玉龙教授任主编,陈辉、范满红任副主编,摆玉龙教授负责统稿审定,黄玉婷、星文艳和宋巍等做了大量的视频拍摄和文字校对工作。在本书的编写中,编者参考了乐高教育课程包和许多优秀教材,在此向各位作者致以诚挚的谢意。感谢兰州市科学技术协会"金城首席科普专家"项目的支持,感谢万威教育创新发展研究基金教育研究项目的资助。

由于编者水平有限,加之时间仓促,不妥之处在所难免,恳请读者批评指正。

编 者

2022 年 4 月

第1版前言
PREFACE

STEAM,即科学(Science)、技术(Technology)、工程(Engineering)、艺术(Art)和数学(Mathematics)的英文首字母组合。STEAM教育(STEAM Education)源于美国,它的基本目标是培养学生的STEAM素养。STEAM教育并不是科学、技术、工程、艺术和数学教育的简单叠加,而是要将五门学科内容组合形成有机整体,强调多学科的交叉融合,以更好地培养学生的创新精神与实践能力。

本书内容主要包括乐高WeDo 2.0机器人套装简介、器件介绍和WeDo 2.0实验项目。每个实验包括阅读与思考、设计与制作、程序编编看、拓展与提高、STEAM内涵和英语角等。本书通过引导学生利用WeDo 2.0套件搭建生活中常见的模型,探索生活中的科学原理,初步理解力、速度、电机、集线器等自然科学技术领域的基本概念。同时,通过创造和发明各类生活中常见的动物、植物和交通工具等模型,编写程序让作品动起来,初步学会将编程知识和科学原理应用于现实生活。

在特色方面,本书特别参照小学英语中的关键知识点要求,以"双语乐高"的全新模式,将英语学习与乐高创作有机结合,在教学中以英文方式提出问题,介绍项目背景,力求做到"做中学""学中做"。本书涵盖小学英语词汇、日常用语、重要句型和日常谚语等,创设的语言情境和项目实践既可以锻炼学生的语言表达能力,又可以提高学生的动手能力。

本课程使得素质教育进一步向提高实践技能的方向发展,突出蕴含STEAM教育理念的项目特征,进一步满足各层次学校在机器人教学、人工智能教学方面的需求,为中小学综合实践活动的开展提供参考。本书可作为机器人初学者的学习用书,也可作为开设机器人课程或社团活动的参考用书。

本书由摆玉龙任主编,陈辉和范满红任副主编。西北师范大学创新创业学院STEAM创新教育工坊成员宫涛涛、孙洪阳、张福祥、马努亥、黄玉婷、星文燕等准备了教案并参与了编写,其中宫涛涛做了大量的整理与校对工作。

在本书的编写过程中,编者参考了乐高教育 WeDo 2.0 课程包和许多优秀教材,在此向各位作者表示真诚的谢意。感谢甘肃省高等学校创新创业教育慕课"STEAM 教育创业讲坛(走进电世界)"对本书的资助。

由于编者水平有限,加之时间仓促,不妥之处在所难免,恳请读者批评指正。

编　者

2019 年 6 月

目录 CONTENTS

第 一 课	风扇	1
第 二 课	拉力小车	6
第 三 课	速度小车	10
第 四 课	月球探测车	15
第 五 课	扫地车	21
第 六 课	避障车	26
第 七 课	联合收割机	32
第 八 课	叉车	37
第 九 课	飞机营救	42
第 十 课	跳舞的鸟	48
第 十 一 课	毛毛虫	54
第 十 二 课	青蛙	60
第 十 三 课	奔跑的小巨人	65
第 十 四 课	鳄鱼	71
第 十 五 课	食人花	76
第 十 六 课	打鼓的猴子	80
第 十 七 课	体操机器人	85

第 十 八 课	足球射手	89
第 十 九 课	足球守门员	93
第 二 十 课	足球迷	98
第 二十一 课	自动感应门	102
第 二十二 课	大象	107
附 录 A	认识 WeDo 2.0 器件	112
附 录 B	WeDo 2.0 基础模型	119
附 录 C	机器人教育课程笔记（示例）	123
参 考 文 献		127

扫码学制作

第一课 风扇

学习目标

（1）了解风扇的发明历史；

（2）搭建具有"汉堡包"结构的风扇；

（3）给风扇编程，使风扇以不同的速度转动。

关键词汇（Key Words）：风扇、旋转速度、编程、控制。

 阅读与思考

情景导入：思思和迪迪是思迪目机器人学园里的科技小达人，他们喜欢科技制作。思思聪明伶俐，擅长机器人搭建、机械结构设计；迪迪思维缜密，擅长程序设计、作品测试。

夏天到了，天气越来越炎热。思思和迪迪正在实验室里搭建作品，为了能够舒舒服服地工作，他们需要一台风扇来降低实验室的温度，如图1-1所示。快来帮助思思和迪迪搭建一台风扇吧！

你能搭建出一台可以旋转的风扇吗？

图1-1 电风扇

设计与制作

你需要了解风扇的结构和工作原理。风扇是通过电源给电机供电、电机带动扇叶旋转的一个装置。

(1) 搭建风扇的底座(带电源和控制);

(2) 在底座上安装电机,并安装扇叶;

(3) 连接风扇和编程设备,并对风扇进行编程。

图1-2为参考的搭建方式。

图1-2 风扇乐高模型图

程序编编看

在炎热的夏天人们需要风扇来降温,快给你的风扇编程,让它旋转起来吧。参考程序如图1-3所示。

图1-3 WeDo 2.0程序样例——风扇

当你的风扇可以正常旋转以后,改进你的程序,试试还可以实现哪些功能。

拓展与提高

对于夏天炎热的天气,我们需要风扇有不同的旋转速度来帮助降低温度。首先对你的风扇程序进行改进,让它可以以不同的速度来工作,而且还可以控制它转或停。

最后小朋友们各自展示自己的作品,说明各自风扇的功能。

 检测与评估

评价和标准

作品的执行情况占____%,创意和美观占____%。

执行情况

☐ 风扇叶能够转动;
☐ 尝试加大电机转速,观察风扇叶的变化情况;
☐ 对比观察与其他小朋友作品的区别;
☐ 能够阐述能量转换原理和风扇转动原理。

创意和美观

A. 别出心裁,独一无二
B. 设计新颖,创意突出
C. 循规蹈矩,创意不明
D. 旧调重弹,有待改进

 STEAM内涵

【"讲"科学】

《小学科学标准》"地球与宇宙科学领域"中,要求学生了解人类生存需要不同形式的能源。风能就是一种需要进一步开发利用的新能源。

风是由空气流动引起的一种自然现象,自然界的风是由太阳辐射热引起的。太阳光照射在地球表面上,使地表温度升高,地表的空气受热膨胀变轻后上升。热空气上升后，冷空气横向流入，上升的空气因逐渐冷却变重而降落，由于地表温度较高又会加热空气使之上升，这种空气的流动就产生了风。

空气流动所形成的动能称为风能。风能是太阳能的一种转化形式。我国蕴含着丰富的风能资源，但目前我国在风能开发和利用方面的研究还很不足。

【"学"技术】

《小学科学标准》"技术与工程领域"中，要求学生观察简单机械装置的结构，知道完成某些设计需要特定的具有稳定性的结构。

在 WeDo 2.0 中，"梁"与"块"的组合形成稳定的结构，是最常用的设计。"汉堡包"结构就是由上下两个积木块及中间的孔梁组成的，是用来将孔梁连接起来的结构。由于它的形状像汉堡，因此形象地称为"汉堡包"结构。"汉堡包"结构示意图如图 1-4 所示。

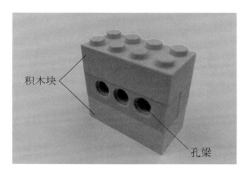

图 1-4 "汉堡包"结构示意图

英语角

【Daily Sentences】

询问天气状况。

1. What's the weather like in Beijing? 北京的天气如何？
   It's rainy today. How about Lanzhou? 今天是雨天。兰州呢？
   It's sunny and hot. 今天是晴天，天气很热。
2. It's warm today. 今天很暖和。
3. It's cool. 今天很凉爽。

第一课 风扇

【Daily Stories】（难度系数：★★★☆☆）

本节课的关键词是"风"，让我们来阅读一篇关于"风和太阳"的英语故事（扫描二维码看译文）。

The Wind and The Sun（风和太阳）

The wind and the sun decided to have a bet. The wind knew that the sun had no strength and believed that he could win. "I'm the best in the world." "Mr. Wind, why don't you and I find out who is the stronger one."

Just then a traveler was walking by. "Why don't we find out who could first take off that man's jacket." The sun confidently suggested. "Fine."

The wind confidently, with all his strength, began to blow. Just then the clear blue sky and the sun was no where to be seen and only the wind began to blow. The traveler tucked his jacket in closer and said, "Why is it so cold all of a sudden?" The stronger the wind blew, the traveler pulled his jacket closer and closer to him.

"Whew, I'm so cold where has the sun gone to? If this keeps up, I'm going to fly off." The traveler stopped and tucked in his jacket even more.

The sun arrived with a big smile on his face. "Now it is my turn." The sun beamed his warm sunlight. The exhausted wind stepped back.

The traveler wiped his sweat and said, "Just a little while ago, the wind was blowing strongly how is it all of a sudden, the sun is shining down." The traveler took off his jacket and threw it down.

The sun gave a big smile and said, "Wind, there are something in his world that can't be done by strength alone." The boastful wind was so embarrassed that he ran off.

扫码学制作

第二课 拉力小车

学习目标

（1）探究力的本质和物体产生运动的原因；

（2）制作拉力小车,通过拉动重物（如轮胎）,探究拉力、摩擦力、平衡力等物理概念；

（3）编写程序,改变电机功率和重物数量,记录实验结果,认识与理解各种力学概念。

关键词汇（Key Words）：力的定义、力的分类、拉力、摩擦力、平衡力。

阅读与思考

情景导入：有一天,思思和迪迪去工厂参观,发现机器可以拖动重物,改变它们的位置。那么,机器拖动重物的原理是什么？他们对此产生了极大的兴趣,于是开启了他们的探险之旅。

请考虑如下问题。

（1）现实中物体的状态有哪些？举例说明哪些是运动中的物体,哪些是静止的物体。注意,判断物体是在运动还是静止时,需要有参照物。

（2）物体由静止状态变成运动状态,原因是什么？指出力作用于物体,可以改变物体的形状和状态。

（3）机器拉动重物，改变了重物的状态。机器给重物施加了拉力，在没有产生运动之前，阻止物体运动的原因是什么？指出摩擦力是相互接触的两个物体在接触面上发生的、阻碍相对运动的力。

设计与制作

以电机和集线器作为主要部件，搭建拉力小车。利用乐高器材中的梁、销等部件搭建储物框。利用链条连接拉力小车和储物框，实现小车拉动重物（轮胎）的效果。

图 2-1 为参考的搭建方式。

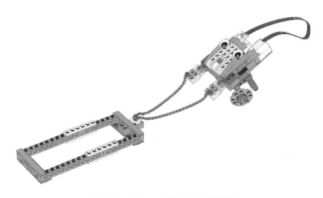

图 2-1　拉力小车乐高模型图

程序编编看

编写程序，利用电机功率模块、电机转动模块和等待模块，实现简易小车拉动重物的功能。图 2-2 为参考程序。

图 2-2　WeDo 2.0 程序样例——拉力小车

拓展与提高

本课程的目标是：明确物质世界中的各种现象和过程都有着内在的规律性。物质科学就是研究物质及其运动和变化规律的基础自然科学。简易小车通过电机给重物施加了拉力，当拉力大于物体与地面之间的摩擦力时，物体的状态发生了改变，产生了运动。请大家按照以下思路，列表探究拉力与摩擦力的关系，体会最大静摩擦力的作用效果。

（1）保持重物的数量不变（最大静摩擦力不变），按照从小到大的顺序改变电机的功率（施加不同的拉力），使物体由静止状态变为运动状态，体会最大静摩擦力的作用效果，并记录你观察到的现象。

（2）保持电机的功率不变（施加相同的拉力），按照从小到大的顺序改变重物的数量，使物体由运动状态变为静止状态，讨论并记录你观察到的现象。

（3）保持电机的功率不变（施加相同的拉力），保持重物的数量不变（最大静摩擦力不变），改变储物框的接触平面（光滑的桌面或粗糙的平面），体会并讨论摩擦力与接触平面的材料和表面情况之间的关系。

检测与评估

评价和标准

作品的执行情况占____%，创意和美观占____%。

执行情况

☐ 实现简易小车拉动物体的基本功能；

☐ 能够阐述拉力的基本含义，理解力是改变物体运动状态的原因；

☐ 能够阐述最大静摩擦力产生的原因与相关因素；

☐ 能够举例说明物体状态的改变和施加在物体上的力有关。

创意和美观

A．别出心裁，独一无二

B．设计新颖，创意突出

C．循规蹈矩，创意不明

D．旧调重弹，有待改进

STEAM内涵

【"讲"科学】

《小学科学标准》"物质科学领域"中指出,物体的运动可以用位置、快慢和方向来描述。力作用于物体,可以改变物体的形状和运动状态。

物理学中,"力"是非常重要的基础概念。力是指物体与物体之间的相互作用,它不能脱离物体而单独存在。两个不直接接触的物体之间也可能产生力的作用。根据力的效果可分为拉力、压力、动力、阻力、向心力、摩擦力等。阻碍物体相对运动(或相对运动趋势)的力叫作摩擦力。摩擦力分为静摩擦力、滚动摩擦、滑动摩擦三种。滑动摩擦力的大小与接触面的粗糙程度和压力大小有关。压力越大,物体接触面越粗糙,产生的滑动摩擦力就越大。

此外,力有大小和方向。平衡力是指物体受到几个力的同时作用,如果物体保持静止或匀速直线运动状态,则说明该物体受到平衡力的作用。本节课就是通过简易小车和重物来研究力的相互作用。

英语角

本节课的关键词是"拉力",是中学物理课上的概念,下面学习各门课程如何用英语表示。

数学 Mathematics   语文 Chinese   英语 English
物理 Physics   化学 Chemistry   体育 Physical Education
生物 Biology   地理 Geography   历史 History
政治 Politics   美术 Art   音乐 Music

扫码学制作

第三课 速度小车

学习目标

(1) 了解物理学中速度的定义；
(2) 通过视频了解速度小车的结构和原理；
(3) 掌握小车模型搭建中的齿轮啮合原理；
(4) 编写程序，了解如何通过设定电机转速模块来改变小车的速度。

关键词汇（Key Words）：物理学、齿轮啮合原理、速度。

 阅读与思考

情景导入：思思和迪迪在电视上看到有很多辆车在比赛，他们很好奇这些车为什么能跑得这么快，于是他们就开启了自己的探险之旅。

赛车和玩具小车分别如图 3-1 和图 3-2 所示。

你能搭建出别具一格的小车，让它以不

图 3-1 赛车

同的速度前进吗？

图 3-2 玩具小车

 设计与制作

用 WeDo 2.0 积木搭建一辆速度小车。

（1）用电机带动一个齿轮；

（2）齿轮与齿轮间进行传动；

（3）齿轮再带动车轮转动。

图 3-3 为参考的搭建方式。

图 3-3 速度小车乐高模型图

 程序编编看

给你的速度小车编写程序，使它能够以不同的速度前进。参考程序如图 3-4 所示。

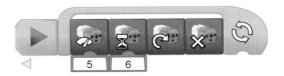

图 3-4　WeDo 2.0 程序样例——速度小车

本课程的目标是学习如何用位置、快慢和方向来描述物体的运动。通常用速度大小描述物体运动的快慢。请大家按照以下思路,列表思考影响小车速度的因素。本实验要求测试距离为 2 米以上,有测量距离(如米尺)与时间(如秒表)的工具。

(1) 保持马达的输出功率不变(如将马达调至 8 挡),分别使用大轮胎和小轮胎,记录小车行驶相同距离所用的时间,讨论并记录你观察到的现象。预测小车行驶双倍距离所需的时间,体会速度的含义。

(2) 变换马达的输出功率(如在 3～10 挡之间变换),让小车以不同功率行驶相同的距离。记录小车以不同功率行驶所用的时间,讨论并记录你观察到的现象。思考所用的时间为什么会随着挡位的上升而缩短。

(3) 思考影响小车速度的其他因素,如小车的重量和大小。按照每次只变换一种条件的方法进行测试,讨论实验结果。

(4) 组织一场速度小车比赛,讨论速度最快的小车优势何在。

评价和标准

  作品的执行情况占____%,创意和美观占____%。

执行情况

  ☐ 能够实现速度小车的基本功能;

  ☐ 能够阐述速度的基本含义,理解如何用速度来描述物体运动的快慢;

  ☐ 能够说明速度与时间和距离之间的关系,以及影响速度大小的主要因素;

  ☐ 了解自行车、火车、飞机等常用交通工具的速度范围。

创意和美观

    A．别出心裁，独一无二

    B．设计新颖，创意突出

    C．循规蹈矩，创意不明

    D．旧调重弹，有待改进

 STEAM内涵

【"讲"科学】

《小学科学标准》"物质科学领域"中指出，物体的运动可以用位置、快慢和方向来描述。通常用速度描述物体运动的快慢。物理上的速度是一个相对量，即一个物体相对另一个物体（参照物）的位移在单位时间内变化的大小。速度既有大小又有方向。赛车作为一种以速度取胜的运动，充分体现了速度这个物理量的重要性。

在物理学中，速度（speed 或 velocity）是描述物体运动快慢的物理量，在数值上等于单位时间内通过的路程。速度的基本单位是"米每秒"，国际符号是 m/s，中文符号是米/秒。速度的常用单位是千米/小时，国际符号是 km/h。常见的交通工具中，自行车的速度大约是15千米/小时，汽车在高速公路上的最高速度限制一般是120千米/小时，高速列车的运行速度一般是250～300千米/小时，飞机的飞行速度一般是600～1500千米/小时。光在真空中的传播速率是299 792 458米/秒，是目前已知的速度上限。

【"究"数学】

星期天的早上，思思和迪迪约好在广场上一起比赛玩小车。已知思思的小车的速度为20厘米/秒，迪迪的小车的速度是思思小车速度的两倍，经过5分钟的比赛，思思和迪迪的小车之间的距离是多少厘米？

英 语 角

【Daily Sentences】

问某人正在做什么及回答。

1. What does he do?

    He is driving a car.

2. What are you doing?

   I am watching TV.

3. What are they doing?

   They are playing games.

4. When the bus comes to a stop, some children get on. Here we are; let's get off at once.

5. When does the bus leave the station? It will leave at 8∶30/6∶30.

【Daily Stories】（难度系数：★★★★☆）

本节课的关键词是"小车"，让我们来阅读一篇关于私家车的英语短文（扫描二维码看译文）。

Nowadays, any Chinese can enjoy the luxury of owning a private car - if he or she can afford it. Having a car of your own means no more traveling to work on crowded buses or subway trains, and you can drop off the children at school on the way. Moreover, it also means that you can enjoy the weekends and holidays better, because with a car you can go to places where the regular buses and trains do not go, and so you can find a quiet scenic spot with no crowds.

However, there are drawbacks to owning a car. For one thing, with the increase in car ownership in recent years, the roads are becoming more and more crowded, often making the journey to work more of a nightmare than a dream. For another, it is not cheap to run a car, as the prices of gasoline and repairs are constantly rising, not to mention the prices you have to pay for a licence and insurance coverage.

Having considered both sides of the argument, I have come to the conclusion that the advantages of owning a car outweigh the disadvantages. Therefore, it seems to me that China should increase its output of automobiles and enlarge the private car market. The result would be that cars would become cheaper, while at the same time the extra demand would encourage the auto industry to produce more efficient and family-oriented vehicles.

扫码学制作

第四课 月球探测车

学习目标

(1) 了解人类探索未知星球的方式,了解我国的月球探测工程"嫦娥登月计划";

(2) 利用齿轮啮合原理搭建一辆月球探测车;

(3) 学习模块化编程方式,掌握电机模块的编程方式,了解如何控制速度、转动方向、运行时间,如何启动、停止等。

关键词汇(Key Words):月球探测车、齿轮啮合原理、电机模块控制。

 阅读与思考

情景导入:思思和迪迪在新闻上看到我国的月球探测车"嫦娥四号"在人类历史上第一次成功探测月球背面。看着"嫦娥四号"在月球背面行驶和探测,思思和迪迪激动万分。他们急切地想要了解"嫦娥四号"如何在疏松的月壤中行驶,采用什么器械能让车辆动起来,以及如何探测到感兴趣的物体。

观看"嫦娥四号"登月的视频后,让我们一起来制作一辆月球探测车,了解如何利用巧妙的机械结构搭建探测车,如何利用电机让探测车动起来,以及如何通过模块化编程控制探测车的运动。

图 4-1 和图 4-2 分别为火星探测车和"嫦娥四号"月球探测车模型。

图 4-1　火星探测车

图 4-2　"嫦娥四号"月球探测车模型

 设计与制作

使用乐高积木搭建一辆月球探测车,使它能够运动起来。

图 4-3 为参考的搭建方式。

图 4-3　月球探测车乐高模型图

 程序编编看

给你的月球探测车编写程序,让它动起来,并记录下你的程序(图 4-4 为参考的程序)。

图 4-4　WeDo 2.0 程序样例——月球探测车

 拓展与提高

增加电机的功率,让探测车跑得更快。

(1)试试看给你的探测车加个轮子,它能够跑得更快吗,将结果记录下来。

(2)想想看电机除了能够带动轮子转动,还能够做什么工作,将你的想法分享出来。

 检测与评估

评价和标准

作品的执行情况占____%,创意和美观占____%。

执行情况

☐ 探测车能够移动;

☐ 探测车能够检测到外来物体靠近;

☐ 在探测车的搭建设计中有独特的创新点;

☐ 在探测车的运动过程中没有出现零件散架的情况。

创意和美观

A．别出心裁,独一无二

B．设计新颖,创意突出

C．循规蹈矩,创意不明

D．旧调重弹,有待改进

【"讲"科学】

《小学科学标准》"地球与宇宙科学领域"中,要求了解地球、月球和其他星球在太阳系中规律地运动着,知道月球是地球的卫星,月球围绕地球运动,能够简单描述月球表面的概况。

月球探测车和月球探测器都是用于月球探测的航天器。月球探测车通过在月球上巡视侦察,并利用自带的探测设备进行探测;而月球探测器通过对月球近距离拍摄,对月面进行全方位观测。

月球探测的目的是了解太阳系的起源和演变史,了解月形、月貌、月质,探索、开发和利用月球资源,建立月球基地和人类定居点。20世纪50年代末至今,美国、苏联/俄罗斯、日本、欧洲航天局、中国和印度先后进行了月球探测。20世纪90年代以来兴起了新一轮的热潮,关注重点是月球上水冰的存在。从1958年至1976年,苏联发射了24个月球探测器,其中18个完成了探测月球的任务。美国为"阿波罗"号飞船登月作准备而发射了不载人月球探测器系列。其中,"勘测者"号探测器从1966年5月到1968年1月共发射了7个,除2号和4号外,其余都在月面软着陆成功。这些探测器主要进行月面软着陆试验,探测月球,并为"阿波罗"号飞船载人登月选择着陆点。"勘测者"号携带的主要仪器和设备有:电视摄像机、测定月面承载能力的仪器、月壤分析设备和微流星探测器。其中"勘测者"1号是美国第一个在月球上实现软着陆的探测器;3号和7号除装有电视摄像机外,还装有用于月面取样的小挖土机,可掘洞取出岩样进行分析;5号~7号都装有扫描设备,用以测定月壤的化学成分。

【"学"技术】

《小学科学标准》"技术与工程领域"中指出,技术包括人们利用和改造自然的方法、程序和产品。电机作为一种技术产品,改变了人们的生产和生活。电机驱动车辆,不仅给人们的生活带来了便利、快捷和舒适,还可以探索一些人类目前不能到达的未知领域。"嫦娥四号"就是一个很好的例子。

电机(electric machinery 或 electric motor,俗称"马达")是指依据电磁感应定律实现电能的转换或传递的一种电磁装置。它的主要作用是产生驱动转矩,作为电器或各种机械的动力源。发电机的主要作用是将机械能转换为电能,目前最常用的发电机利用热能、水能等推动发电机转子来发电。电机按工作电源种类划分,可分为直流电机和交流电机。直流电机是一种将直流电能转换为机械能的装置。WeDo 2.0中的电机属于直流电机。

在本书中,通过程序控制电机的转动方向(正转或反转)、转动时间和转动的功率,将电能转换为机械能,来实现各种运动。

英语角

【Daily Sentences】

Identifying Objects 辨别物品

1. What is this? 　　　　　　　　　　这是什么?
    It is a scientific research car. 　　这是一辆科学探测车。
2. What is it used for? 　　　　　　　它是做什么用的?
    It can do an experiment. 　　　　它可以做实验。
    It can do a lot of things. 　　　　它可以做许多事情。
    So, the car can run. 　　　　　　因此,探测车可以运动。
    The car can take pictures. 　　　探测车可以拍照。
3. Is this your handbag? 　　　　　　这是你的手提包吗?
    No, it isn't. / Yes, it is. 　　　　　不,它不是。/是的,它是。
4. Whose pen is this? 　　　　　　　这是谁的笔?
    It's Kate's. 　　　　　　　　　　是凯特的。
5. What do you call this in English? 这个用英语怎么说?
6. What is the color of your new book? 你的新书是什么颜色的?
7. How big is your house? 　　　　　你的房子有多大?
8. How long is the street? 　　　　　这条街有多长?
9. What's the name of the cat? 　　这只猫叫什么名字?
10. Where's the company? 　　　　　那个公司在哪儿?
11. Which is the right size? 　　　　　哪个尺码是对的?

【Daily Stories】(难度系数:★★★☆☆)

本节课的关键词是"探测车",让我们来阅读一篇关于机器人的短文(扫描二维码看译文）。

Robots are becoming a big part of our lives. There may be half a million robots in the U.S. 20 years from now. These machines are changing the way of work that is being done. Thousands of robots are used in factories. These robots are not like the robots in movies. They don't walk or talk. Instead, a robot may be just metal arm. The robot arm can do a certain job in a factory over and over again. It can do jobs that people may not want to do. A robot never gets tired of doing the same thing. Sometimes a robot gets to do more exciting work. In Canada, police are using a robot on wheels. This robot's job is to take apart bombs that may go off.

扫码学制作

第五课 扫地车

学习目标

（1）了解扫地车的发明过程；
（2）熟悉扫地车的构造和皮带传动原理；
（3）能够描述扫地装置的工作原理。

关键词汇（Key Words）：扫地车、皮带传动、扫地装置。

阅读与思考

情景导入：思思和迪迪在路边看见清洁工人开着一辆小型车，于是他们好奇地跑上去看，最后他们决定自己用乐高积木搭建一辆扫地车。

扫地车模型和示意图分别如图5-1和图5-2所示。

你能搭建出一辆扫地车，让它可以在马路上边行驶边扫地吗？

图5-1 扫地车模型

图 5-2　扫地车示意图

设计与制作

用乐高积木搭建一辆扫地车。

（1）用电机带动一个滑轮转动；

（2）滑轮再带动皮带转动；

（3）皮带再带动扫地装置转动。

图 5-3 为参考的搭建方式。

图 5-3　扫地车乐高模型图

 **程序编编看**

给你的扫地车编写程序,让它可以清理垃圾(以小零件代替)。参考程序如图 5-4 所示。

图 5-4　WeDo 2.0 程序样例——扫地车

思考:还有别的方法可以让你的扫地车变得与众不同吗?

 **拓展与提高**

(1)怎样才能让扫地车边走边扫地呢?发挥你的想象力。

(2)扫地车的外形构造有三部分,你可以设想在它后面添加一个垃圾存储箱会是怎样的效果。

 检测与评估

评价和标准

　　作品的执行情况占＿＿＿%,创意和美观占＿＿＿%。

执行情况

　　□ 能够实现扫地装置的旋转功能;
　　□ 能够阐述扫地装置的基本原理;
　　□ 能够实现边走边扫功能;
　　□ 外观设计独特,增设了垃圾存储箱。

创意和美观

　　A. 别出心裁,独一无二
　　B. 设计新颖,创意突出

C. 循规蹈矩,创意不明

D. 旧调重弹,有待改进

STEAM内涵

【"讲"科学】

《小学科学标准》"技术与工程领域"中指出,工程和技术产品改变了人们的生产和生活。我们可以体会到生活中的科技产品给人们带来的便利、快捷和舒适。扫地车就是这样一种特殊的车辆。它不仅解放了劳动力,而且提高了工作效率,为保护环境做出了贡献。

扫地车是将扫地、吸尘相结合的一体化垃圾清扫车,具有工作效率高、清洁成本低、清洁效果好、安全性能高、经济回报率高等优点,已经被广泛应用于各大中小城市的道路清扫工作。部分扫地车配有洒水功能,防止清扫过程起尘、造成二次环境污染。其中电动扫地车具有节能环保、静音效果好等优点。电动扫地车工作效率高,每小时可清扫9800平方米,相当于20名工人的清扫效率;作业时间长,充一次电可连续使用8小时,清扫70 000平方米;使用成本低,一天只需要花费3元电费,而且易损件价格便宜,每年只需要更换两次。机械代替人工清扫,是保洁行业的必然趋势。

【"究"数学】

1. 清洁工人早晨上班时间是_____(请按照数字方式填写)。

2. 设扫地车行驶速度为0.5米/秒,行驶了10分钟后,扫地车行驶了____米。

3. 观察生活中的扫地车装置,能够发现它一共有_____个座位。

英语角

【Daily Words】

Shall we start with some housework words?

do housework 做家务　　　　　cook the meals 做饭

water the flowers 浇花　　　　sweep(swept) the floor 扫地

clean the bedroom 打扫卧室　　make(made) the bed 铺床

set(set) the table 摆饭桌　　　wash the clothes 洗衣服

do the dishes 洗碗(碟)

第五课　扫地车

【Daily Stories】(难度系数：★★☆☆☆)

本节课的关键词是"扫地车",让我们来学习一些关于做家务的英语对话。

Could you take the garbage out?

请你把垃圾拿出去好吗?

A：Sweetheart，Could you take the garbage out?

亲爱的,请你把垃圾拿出去好吗?

B：OK，I'll do it right after the basketball game.

好,看完这场篮球赛我就去。

I'll wash the dishes.

我会洗碗(碟)。

A：I'll help you wash the dishes. Mom!

妈,我会帮你洗碗(碟)。

B：Thanks for giving me a helping hand!

谢谢,你真是妈妈的好帮手!

Could you please give me a hand?

请帮我一下好吗?

A：Honey，Could you please give me a hand?

亲爱的,请帮我一下好吗?

B：Yes，sweetheart. How can I help?

没问题,甜心,要做些什么呢?

Don't forget to wipe the table!

别忘了擦桌子!

A：Tommy，don't forget to wipe the table after dinner.

汤米,别忘了饭后要擦桌子。

B：OK，mum. I won't forget.

好的,妈妈,我不会忘的。

扫码学制作

第六课 避障车

学习目标

(1) 观看视频,了解智能汽车(避障车)的基本原理;

(2) 掌握距离(运动)传感器的工作原理;

(3) 编写程序,讨论避障车的工作环境,通过合理的程序设计完成设计要求。

关键词汇(Key Words):避障车、运动传感器。

阅读与思考

情景导入:思思和迪迪走在马路上,没注意看红绿灯,结果在过马路的时候差点撞到车。所幸他俩并没有被车撞到,因为这是一辆避障车,即在普通车辆上装有"一双眼睛",这样在遇见障碍物时它会自动停止,可以避免交通事故。避障车模型如图 6-1 和图 6-2 所示。

图 6-1 避障车模型(一)

第六课　避障车

图 6-2　避障车模型(二)

你能搭建出一辆避障车,让它可以在马路上躲开障碍物吗?

 设计与制作

用乐高积木搭建一辆避障车。

(1) 用电机带动齿轮转动;

(2) 齿轮再带动轮子转动;

(3) 合理安装传感器,实现探测功能。

图 6-3 为参考的搭建方式。

图 6-3　避障车乐高模型图

程序编编看

给你的避障车编写程序，使它可以在遇见障碍物的时候自动躲避。参考程序如图 6-4 所示。

图 6-4　WeDo 2.0 程序样例——避障车

思考：避障车能自己送货吗？现实生活中的快递车能将快件自动送到收件人的手中吗？

 拓展与提高

（1）避障车主要由哪几部分构成？
（2）避障车里起主要作用的是哪个零部件？

检测与评估

评价和标准

作品的执行情况占＿＿＿％，创意和美观占＿＿＿％。

执行情况

□ 能够实现避障功能；
□ 了解运动传感器的原理及它在避障车中的作用；
□ 能够简述"U 形结构"的原理；
□ 能够解释程序设计中各模块的功能。

创意和美观

A．别出心裁，独一无二

B．设计新颖，创意突出

C．循规蹈矩，创意不明

D．旧调重弹，有待改进

STEAM内涵

【"做"工程】

《小学科学标准》"技术与工程领域"中指出，技术发明通常蕴含一定的科学原理。工程技术的关键是设计。工程是运用科学和技术进行设计、解决实际问题和制造产品的活动。了解智能汽车工程中运用的科学技术和原理，就要从最基本的避障功能的实现做起。下面我们来学习距离（运动）传感器的原理和使用方法。

距离（运动）传感器根据其工作原理的不同可分为光学距离传感器、红外距离传感器、超声波距离传感器等。目前避障车上使用的距离传感器大多是红外距离传感器，它包含一个红外线发射管和一个红外线接收管；当发射管发出的红外线被接收管接收到时，表明小车距离障碍物较近，小车停止；而当接收管接收不到发射管发射的红外线时，表明小车距离障碍物较远，小车无须停止。

【"学"技术】

《小学科学标准》"技术与工程领域"中指出，技术包括人们利用和改造自然的方法、程序和产品。设计一款智能汽车，最基本的要求是通过合理的机械结构产生运动效果。

在 WeDo 2.0 中，一般当需要让车类作品动起来时，就会用到 U 形结构，如图 6-5 所示，它主要包括锥齿轮、双锥齿轮以及两根轴，锥齿轮与双锥齿轮垂直啮合，将水平方向的运动转变为竖直方向的运动。

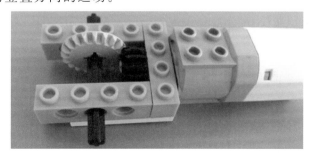

图 6-5　U 形结构示意图

英语角

【Daily Sentences】

What are we going to do today? We are going to make an obstacle avoidance car.
What are you going to do? I am going to …

go and have a look 去看一看	go sightseeing 去观光
go back 回去	go skating 去溜冰
go boating 去划船	go skiing 去滑雪
go fishing 去钓鱼	go abroad 出国
go for a walk 去散步	go swimming 去游泳
go home 回家	go to bed 去睡觉
go on a trip 去旅行	go to school 去上学
go out 出去	go to the cinema 去看电影
go shopping 去购物	go to work 去上班

【Daily Stories】（难度系数：★★★★★）

本节课的关键词是"避障车"，让我们来阅读一篇关于智能车的英语短文（扫描二维码看译文）。

An Intelligent Car（智能车）

　　Driving needs sharp eyes, keen ears, quick brain, and coordination between hands and the brain. Many human drivers have all these and can control a fast-moving car. But how does an intelligent car control itself?

　　There is a virtual driver in the intelligent car. This virtual driver has "eyes", "brains", "hands" and "feet", too. The mini-cameras on each side of the car are his "eyes", which observe the road and conditions ahead of it. They watch the traffic to the car's left and right. There is also a highly automatic driving system in the car. It is the built-in computer, which is the virtual drivers "brain". His "brain" calculates the speeds of other moving cars near it and analyzes their positions. Basing on this information, it chooses the right path for the intelligent cars, and gives instructions to the "hands" and "feet" to act accordingly. In this way, the virtual driver controls his car.

What is the virtual driver's best advantage? He reacts quickly. The mini-cameras are sending images continuously to the "brain". It completes the processing of the images within 100 milliseconds. However, the world's best driver at least needs one second to react. Besides, when he takes action, he needs one more second.

The virtual driver is really wonderful. He can reduce the accident rate considerably on expressway. In this case, can we let him have the wheel at any time and in any place? Experts warn that we cannot do that just yet. His ability to recognize things is still limited. He can now only drive an intelligent car on expressways.

扫码学制作

第七课 联合收割机

学习目标

（1）了解农产品的种类，熟悉收割机的工作原理和构造；
（2）掌握皮带、齿轮的传动原理和齿轮啮合原理；
（3）搭建收割机并发挥想象，完善车体。

关键词汇（Key Words）：收割机、齿轮啮合、皮带传动。

 阅读与思考

情景导入：思思和迪迪跟着家人来农村旅游，他们在田里看到一种奇怪的机器，它在麦田里边走边"吃"，麦子全部应声而倒。这是什么机器呢？

它叫作谷物联合收割机，简称联合收割机，如图 7-1 和图 7-2 所示。它是用来收割农作物的农业机械。它能够一次性地完成谷类作物的收割、脱粒、分离茎秆、清除杂余物等

图 7-1 联合收割机（一）

第七课 联合收割机

工序,从田间直接获取谷粒。

你能搭建出一辆联合收割机,让它可以收割粮食吗?

图7-2 联合收割机(二)

设计与制作

用乐高积木搭建一辆联合收割机。

(1)用电机带动一个齿轮;

(2)齿轮与齿轮间进行传动;

(3)齿轮再带动皮带转动;

(4)搭建收割装置模型。

图7-3为参考的搭建方式。

图7-3 联合收割机乐高模型图

程序编编看

给你的联合收割机编写程序,让它可以收割粮食。参考程序如图7-4所示。

图7-4 WeDo 2.0程序样例——联合收割机

思考：还有别的方法可以让你的联合收割机变得与众不同吗？

 拓展与提高

（1）改变程序里的电机转速，观察联合收割机的表现。

（2）改造联合收割机的外形，会有什么样的效果？

 检测与评估

评价和标准

作品的执行情况占＿＿％，创意和美观占＿＿％。

执行情况

☐ 能够正确搭建收割装置；

☐ 改变电机转速，观察收割机转动情况；

☐ 能够背诵"悯农"这两首诗；

☐ 与小朋友交流制作心得。

创意和美观

A．别出心裁，独一无二

B．设计新颖，创意突出

C．循规蹈矩，创意不明

D．旧调重弹，有待改进

 STEAM内涵

【"讲"科学】

《小学科学标准》"技术与工程领域"中指出，工程和技术产品改变了人们的生产和生活。农业机械是制造技术在农业工程中的具体应用。

农业机械是指在作物种植业和畜牧业生产过程中，以及农、畜产品初加工和处理过程中所使用的各种机械。农业机械包括农用动力机械、农田建设机械、土壤耕作机械、种植与施肥机械、植物保护机械、农田排灌机械、作物收割机械、农产品加工机械、畜牧业机械和农业运输机械等。作物收割机械包括用于收取各种农作物或农产品的机械。不同农作物的收割方式和所用的机械各不相同。谷物联合收割机由收割台、输送装置、脱粒装置、分离装置、清选装置、粮箱和传动装置等组成。本节课所搭建的联合收割机就是一种常用的农业机械。

【"学"技术】

同学们,今天你们制作了实验室中的联合收割机,你知道真正的联合收割机是如何工作的吗?

联合收割机起步时要平稳地加大油门,使收割机达到额定转速后,再进行切割。关于切割幅度,在电机转速允许的情况下,应尽量以最大转速或接近最大的转速工作,此时的作业效率最高,但注意不要产生漏割,以减少收割损失。关于割台高度,为方便割后耕作和播种作业,割茬应尽量低,这也是收割倒在地上的小麦时减少切穗、漏穗的重要措施,但割台高度不得低于6厘米,以免切割泥土,加速切割器磨损。根据作业质量标准要求,割茬最高不得超过15厘米。

【"求"艺术】

悯农二首

作者:李绅(唐)

(一)

春种一粒粟,秋收万颗子。

四海无闲田,农夫犹饿死。

(二)

锄禾日当午,汗滴禾下土。

谁知盘中餐,粒粒皆辛苦。

abc 英语角

【Daily Words】

食品、饮料

rice 米饭　　　　　bread 面包　　　　　beef 牛肉

milk 牛奶　　　　　water 水　　　　　　egg 蛋

fish 鱼	tofu 豆腐	cake 蛋糕
cookie 曲奇	biscuit 饼干	jam 果酱
noodles 面条	tea 茶	meat 肉
chicken 鸡肉	pork 猪肉	salad 沙拉
soup 汤	Coke 可乐	mutton 羊肉
ice 冰	icecream 冰淇淋	juice 果汁
coffee 咖啡	breakfast 早餐	lunch 午餐
dinner/supper 晚餐	meal 一餐	hot dog 热狗
hamburger 汉堡包	French fries 炸薯条	vegetable 蔬菜

【Daily Stories】(难度系数：★☆☆☆☆)

本节课的关键词是"联合收割机"，让我们来阅读一篇关于粮食的英语短文（扫描二维码看译文）。

Saving the Food（节约粮食）

When I was very young, my mother told me not to waste the food. So I formed the habit of eating up the food. When I eat outside, I buy the food that is suitable for me, unlike other kids. If they can't finish it in the end, it will cause food waste. And I always make sure I can finish it. Saving the food is the duty of our citizens.

扫码学制作

第八课 叉车

学习目标

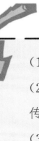

(1) 了解叉车的基本结构和相关知识；

(2) 掌握蜗轮蜗杆结构的基本原理和倾斜传感器的工作原理；

(3) 巩固运动传感器的程序编写并掌握倾斜传感器的程序编写。

关键词汇(Key Words)：叉车、蜗轮蜗杆。

阅读与思考

情景导入：在工厂进行社会实践时，思思和迪迪正在为一块巨大石头的搬运而烦恼。突然有一辆看起来特别不一样的车开到他们的面前，很快将这块巨大的石头搬了起来。这是什么车呢？

如图 8-1 所示，叉车是一种工业搬运车辆，是能够对集装箱等进行装卸、堆码和短距离运输作业的轮式搬运车辆，常用于大型仓储物件的运输，通常使用燃油或者电池驱动。叉车的构造如图 8-2 所示。

图 8-1 叉车

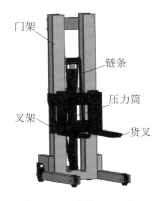

图 8-2 叉车构造示意图

你能搭建出一辆叉车,让它可以在工厂里搬运货物吗?

 设计与制作

用乐高积木搭建一辆叉车。

(1) 用电机带动蜗杆转动;

(2) 蜗杆带动蜗轮转动;

(3) 蜗轮带动轴转动,进而带动连杆结构转动。

图 8-3 为参考的搭建方式。

图 8-3 叉车乐高模型图

第八课 叉车

 程序编编看

给你的叉车编写程序,让它可以将重物铲起来。参考程序如图 8-4 所示。

图 8-4　WeDo 2.0 程序样例——叉车

 拓展与提高

(1) 观察已经搭建好的叉车,叉车的连杆抬起的高度为什么有一定的限制?

(2) 小朋友们可以发挥自己的想象力,让自己的叉车变得与众不同。

检测与评估

评价和标准

作品的执行情况占＿＿＿%,创意和美观占＿＿＿%。

执行情况

□ 能够实现叉车的基本功能;

□ 能够阐述蜗轮蜗杆的原理;

□ 能够阐述倾斜传感器的原理及它在本作品中的作用;

□ 能够发挥想象力,制作一辆别致的叉车。

创意和美观

A. 别出心裁,独一无二

B. 设计新颖,创意突出

C. 循规蹈矩,创意不明

D. 旧调重弹,有待改进

STEAM内涵

【"讲"科学】

《小学科学标准》"技术与工程领域"中要求举例说出制造技术、运输技术、建筑技术、能源技术、生化技术、通信技术的产品,了解重大的发明和技术给人类社会发展带来的深远影响和变化。

工业生产中使用各种不同用途的车辆。例如,铲车(见图 8-5(a))用来装零散、坚固的货物,一般以建筑材料为主,如碎石、砂土等;叉车(见图 8-5(b))主要用来装包装好的货物或单件体积比较大的货物,如集装箱、货运木箱等。铲车一般用在建筑工地、建筑材料集散地,用于装车,有时也用于铲土、铲雪和地面平整等;叉车一般用于货场、仓库、码头、火车货站等地,用于装卸、摆放货物。

(a) 铲车   (b) 叉车

图 8-5 铲车和叉车

英语角

【Daily Words】

职业

driver 司机　　　　　　teacher 教师

student 学生　　　　　 doctor 医生

nurse 护士　　　　　　farmer 农民

singer 歌唱家　　　　　writer 作家

actor 男演员　　　　　 actress 女演员

第八课 叉车

artist 画家
accountant 会计
salesperson 销售员
assistant 售货员
policeman（男）警察
TV reporter 电视台记者

engineer 工程师
cleaner 清洁工
baseball player 棒球运动员
police 警察
policewoman（女）警察
weather reporter 天气预报员

【Daily Stories】（难度系数：★★☆☆☆）

本节课的关键词是"叉车（fork truck）"，让我们来阅读一篇关于工厂的英语短文（扫描二维码看译文）。

Last November, the students of Class Three went to visit Uncle Wang's factory. They arrived early on a Tuesday morning. It is a machine factory. Uncle Wang welcomed them warmly and showed them around the factory. The factory makes bicycle and tractor parts. The students saw some workers wearing thick clothes and glasses over their eyes. What were they doing, do you know? They were making ladders.

扫码学制作

第九课 飞机营救

学习目标

(1) 了解飞机的发明历史,知道重大的发明会给人类社会发展带来深远影响;

(2) 利用齿轮传动原理搭建飞机模型,增加倾斜传感器来探测飞机的飞行状态;

(3) 学习模块化编程方式,掌握倾斜传感器模块的编程方式,知道如何通过传感器的反馈信号获得飞机的速度和飞行姿态。

关键词汇(Key Words):飞机、齿轮传动原理、倾斜传感器。

 阅读与思考

情景导入:思思和迪迪在看电视,在节目中飞机驾驶员正驾驶飞机飞行。"噢,不!"他突然大喊起来,"发动机要熄火了!"为了帮助他解决飞机发动机熄火的问题,你能搭建出一架会根据摇摆方向改变速度的飞机吗?

飞机模型底部和飞机模型整体分别如图9-1和图9-2所示。

第九课　飞机营救

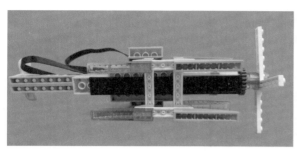

图 9-1　飞机模型底部　　　　　　　图 9-2　飞机模型正视图

你能搭建出一架飞机，让它在起飞和降落的时候改变速度吗？

设计与制作

设计并搭建一架飞机，让它在起飞和降落时改变螺旋桨的速度。

（1）用电机带动螺旋桨；

（2）加一个倾斜传感器，识别飞机的起飞和降落；

（3）设计飞机程序，使飞机在不同的倾斜角度下螺旋桨的转速不同。

图 9-3 为参考的搭建方案。

图 9-3　飞机模型整体效果图

程序编编看

给你的飞机编写程序，让它在起飞和降落时改变速度，并记录你的程序（图 9-4 为参考程序）。

图 9-4　WeDo 2.0 程序样例——飞机

当飞机起飞或降落时，给你的飞机加上一个不同的声音。要求用倾斜传感器来识别飞机的起飞和降落，并使飞机发出不同的声音。

拓展与提高

搭建一架飞机，让它的速度会根据倾斜角度不同而改变，并且对于不同的螺旋桨转动速度，飞机的声音也不同。可以采用电机带动螺旋桨转动并在飞机中安装倾斜传感器的方法，也可以自己想一个新的方法。

按表 9-1 所示，记录自己飞机的状态。

表 9-1　飞机的状态

模型图例	模块含义	速度	声音
⋮			

检测与评估

评价和标准

作品的执行情况占____%,创意和美观占____%。

执行情况

☐ 能够根据摇摆方向改变螺旋桨的转速;

☐ 能够说出飞机的发明者及飞机的种类;

☐ 能够说出编程中用到的模块和原理;

☐ 与同学、老师交流学习心得。

创意和美观

A. 别出心裁,独一无二

B. 设计新颖,创意突出

C. 循规蹈矩,创意不明

D. 旧调重弹,有待改进

STEAM内涵

【"读"历史】

《小学科学标准》"技术与工程领域"中指出,重大的发明和技术会给人类社会发展带来深远影响和变化。飞机作为一种新兴的交通工具,不仅给人们的生活带来了便利、快捷和舒适,而且缩短了国家之间的距离,极大提高了工作效率。让我们来了解飞机的发展史吧!

飞机发展史分为以下几个阶段:滑翔机——喷气式飞机——直升机——民航客机——飞机巴士。

(1) 滑翔机:美国的莱特兄弟在1903年制造出了第一架依靠自身动力进行载人飞行的飞机"飞行者"1号,并且试飞获得成功。

(2) 喷气式飞机:德国设计师奥安在新型发动机研制上是最早取得成功的。1939年8月27日,奥安使用他的发动机研制成功了He-178喷气式飞机。

(3) 直升机:1939年9月14日,世界上第一架实用型直升机诞生,它是美国工程师西科斯基研制成功的VS-300直升机。

（4）民航客机：20世纪20年代，飞机开始载运乘客。第二次世界大战结束初期，苏联、美国等国家开始把大量的运输机改装为客机，著名的有苏联的安-22、伊尔-76，美国的C-141、C-5A、波音747，法国的空中客车等。

（5）飞机巴士、空中客车：错综复杂的空中航线把世界各国连接起来，为人们提供了既方便又快速的客运服务。

【"讲"科学】

飞机（aeroplane，airplane）是指由具有一具或多具发动机的动力装置产生前进的推力或拉力，由机身的固定机翼产生升力，在大气层内飞行的、重于空气的飞行器。如果飞行器的密度小于空气，那它就是气球或飞艇。如果飞行器没有动力装置，只能在空中滑翔，则称为滑翔机。

飞行器的机翼如果不固定，靠机翼旋转产生升力，就是直升机或旋翼机。固定翼飞机是最常见的飞行器类型。动力的来源包括活塞发动机、涡轮螺旋桨发动机、涡轮风扇发动机和火箭发动机等。

【"学"技术】

《小学科学标准》"技术与工程领域"中指出，工具是一种物化的技术。传感器是一种检测装置，能"感受"到被测量的信息，并将信息按一定规律转换为电信号或其他信息形式后输出，实现信息的传输、处理、存储和控制等。可以说，传感器是人类五官的延伸，又称为"电五官"。机器人的设计需要各种各样的传感器，下面来了解一下倾斜传感器。

倾斜传感器是运用惯性原理的一种加速度传感器，广泛应用于运输业、建筑业和石油勘探业等工业领域。它通过测量运动物体的加速度，计算得到系统当前的状态。WeDo 2.0器件中的倾斜传感器可以检测作品的五种工作状态：向上倾斜、向下倾斜、向此侧倾斜、向彼侧倾斜和震动。在作品设计中，倾斜传感器除了检测作品状态，还可以作为执行开关，选择合适的状态来控制电机的运行。

abc 英语角

【Daily Words and Sentences】

交通工具

bike 自行车　　　　　bus 公共汽车　　　　　train 火车

jeep 吉普车　　　　　ship 轮船　　　　　　　yacht 快艇

motor cycle 摩托车　　　　boat 小船　　　　car 小汽车

taxi 出租车　　　　　　　van 小货车　　　plane/airplane 飞机

subway/underground 地铁

询问乘坐的交通工具及回答

1. How do you go to school?

   I go to school by bus.

2. How does she go to work?

   She goes to work by bike/on foot.

3. I prefer traveling by train.

【Daily Stories】（难度系数：★★☆☆☆）

本节课的关键词是"飞机"，请阅读以下关于飞机的诗歌。

Plane 飞机

Planes, planes, in a plain row.

飞机,飞机,排一排,

Flying to the places we plan to go.

飞到我们想去的地方。

We plan to plant trees in one row.

我们要种一排树。

We plan to play wherever we go.

我们要去任何地方玩。

Flying to wherever we plan to play.

飞到我们要去玩的任何地方。

扫码学制作

第十课 跳舞的鸟

学习目标

（1）能够识别常见的鸟类，描述鸟类的共同特征；
（2）回顾皮带传动原理和齿轮啮合原理，搭建跳舞的鸟；
（3）编写程序，掌握电机模块中的旋转方向控制和延时控制。

关键词汇（Key Words）：鸟、皮带传动、连杆结构。

阅读与思考

情景导入：在舞台上有两只鸟在跳舞，这两只鸟可以按同方向或反方向来跳舞。思思和迪迪在舞台上操纵它们，按照他们想要的方式来跳舞，如图10-1、图10-2所示。

你能搭建出一组跳舞的鸟，让它们通过不同的方式来跳舞吗？

第十课　跳舞的鸟

图 10-1　跳舞的鸟正视图

图 10-2　跳舞的鸟侧视图

 设计与制作

设计一个可以按不同方式转起来的鸟。

(1) 用电机带动一个齿轮；

(2) 齿轮与齿轮进行传动；

(3)齿轮与滑轮进行传动；

(4)使鸟的头部和身体能够旋转起来。

图 10-3 为参考的搭建方式。

图 10-3　跳舞的鸟部分模型图

程序编编看

给你搭建的跳舞的鸟编写程序，让它转动起来，并记录你的程序（图 10-4 为参考的程序）。

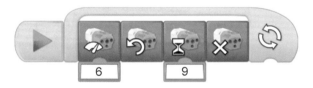

图 10-4　WeDo 2.0 程序样例——跳舞的鸟

鸟儿除了跳舞之外，还可以唱歌。给你的鸟儿编程，让它在跳舞的同时唱歌，并记录你的程序。

拓展与提高

通过改变模型上的皮筋与滑轮来改变鸟的转动方式，试着采用表 10-1 中的建议，并在表中记录每种情况。

表 10-1　鸟的转动方式

皮带传动的传动方式	第一只鸟的转动方式	第二只鸟的转动方式	备　　注
			两只鸟转动方向相同,速度相同
			两只鸟转动方向相同,但速度不同
			两只鸟转动方向相反,速度不同

你还可以试着用其他方法来改变这个模型和它的程序。你能让这只鸟跳其他舞吗？

检测与评估

评价和标准

作品的执行情况占____%,创意和美观占____%。

执行情况

☐ 能够实现两只鸟的旋转跳舞功能；

☐ 能够阐述皮带传动原理；

☐ 能够阐述鸟类的基本知识；

☐ 与小朋友交流制作心得。

创意和美观

A. 别出心裁,独一无二

B. 设计新颖,创意突出

C. 循规蹈矩,创意不明

D. 旧调重弹,有待改进

STEAM内涵

【"讲"科学】

《小学科学标准》"生命科学领域"中要求了解地球上存在不同的动物,不同的动物具有许多不同的特征,同一种动物也存在个体差异。要求能够识别常见的动物种类,描述某一类动物的共同特征。

鸟纲是脊椎动物亚门中的一纲。它的主要特征是身体具有羽毛,恒温,卵生,前肢呈翼状,多数善于飞行。我国的鸟类分为游禽、涉禽、攀禽、陆禽、猛禽、鸣禽六大类。全世界已发现上万种鸟类,中国有1400多种。鸟类因其食性的不同,可分为食肉、食鱼、食虫、杂食和食植物等类型;因其迁徙习性的不同,可分为留鸟、夏候鸟、冬候鸟等类型。

我国的鸟不仅种类繁多,而且有许多珍贵的特有种类。如产于山西、河北的褐马鸡,产于甘肃、四川的蓝马鸡,产于台湾的黑长尾雉和蓝腹鹇等。有些鸟类虽不是我国特有,但主要产于我国境内,如丹顶鹤和黑颈鹤。

【"学"技术】

《小学科学标准》"技术与工程领域"中,要求在生活中寻找常见的简单机械的应用实例,观察简单机械装置的结构和作用。

皮带传动是用张紧的(环形的)皮带套在两根传动轴的皮带轮上,依靠皮带和皮带轮张紧时产生的摩擦力,将一轴的动力传给另一轴。皮带传动可用于两轴(工作机与动力机)之间的远距离传动。皮带有弹性,可以缓和冲击、减少振动,传动平稳,但不能保持严格的传动比(主动轮每分钟的转数与从动轮每分钟转数的比值)。传动件遇到障碍或超载时,皮带会在皮带轮上打滑,因此可防止机件损坏。皮带传动简单易行,成本低,保养和维护方便,还便于拆换。但由于皮带在皮带轮上打滑,所以皮带传动的机械效率低,而且皮带本身耐久性较差,使用久了会逐渐伸长,因此需要随时调整。皮带传动装置如图10-5所示。

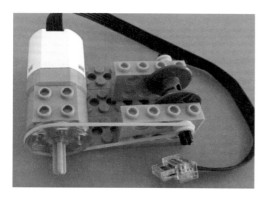

图10-5 皮带传动装置

第十课　跳舞的鸟

英语角

【Daily Words】

Which animal do you like best？你最喜欢哪种动物？

cat 猫	dog 狗	pig 猪	duck 鸭
rabbit 兔	horse 马	elephant 大象	fish 鱼
bird 鸟	eagle 鹰	snake 蛇	mouse 老鼠
ant 蚂蚁	beaver 海狸	bear 熊	donkey 驴
goose 鹅	deer 鹿	monkey 猴	goat 山羊
squirrel 松鼠	panda 熊猫	lion 狮子	tiger 老虎
fox 狐狸	zebra 斑马	hen 母鸡	giraffe 长颈鹿
turkey 火鸡	lamb 小羊	sheep 绵羊	cow 奶牛
squid 鱿鱼	lobster 龙虾	shark 鲨鱼	seal 海豹
sperm whale 抹香鲸		killer whale 虎鲸	
kangaroo 袋鼠			

【Daily Stories】（难度系数：★★★☆☆）

本节课的关键词是"鸟"，请阅读这篇文章（诗歌）来学习关于鸟的知识（扫描二维码看中英对照）。

Flying Birds（飞鸟）

Birds don't fly high up in the sky.

The air is too thin. It is hard for birds to breathe in thin air.

Thin air doesn't hold them up.

Birds fly near the ground so that they can see where they are.

The birds look for places they know. Then they do not get lost.

Some birds fly so low over the ocean that the waves often hide them.

Many birds fly long distances in the spring and autumn.

扫码学制作

第十一课 毛毛虫

学习目标

（1）了解毛毛虫的蜕变原理；
（2）理解毛毛虫的爬行原理；
（3）自己独立编写程序，让毛毛虫能够爬行。

关键词汇（Key Words）：毛毛虫、连杆结构。

 阅读与思考

情景导入：思思和迪迪在河边抓住了一只毛毛虫，他们很好奇这只毛毛虫是如何爬行的。

你知道吗？毛毛虫是鳞翅目（Lepidoptera）昆虫（蝶、蛾）的幼虫。如图 11-1 所示，毛毛虫的身体呈圆柱形，分 13 节，有 3 对胸足和数对腹足。头两侧各有 6 只眼，触角短，腭强壮。图 11-2 为毛毛虫的卡通形象。

图 11-1 毛毛虫

第十一课　毛毛虫

图 11-2　毛毛虫卡通形象

你能搭建出一只毛毛虫,让它可以和现实世界中的毛毛虫一样爬行吗?

 设计与制作

用乐高积木搭建一只毛毛虫。
(1)用电机带动齿轮转动;
(2)齿轮再带动连杆转动;
(3)连杆驱动毛毛虫的身体前进。

图 11-3 为参考的搭建方式。

图 11-3　毛毛虫乐高模型图

程序编编看

给你的毛毛虫编写程序,让它在地面爬行。参考程序如图 11-4 所示。

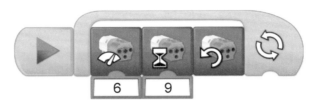

图 11-4　WeDo 2.0 程序样例——毛毛虫

思考：改变部分程序，让毛毛虫的爬行方式与前一次不同。

 拓展与提高

（1）毛毛虫主要由哪几部分构成？

（2）毛毛虫的爬行中起主要作用的是哪个部件？

 检测与评估

评价和标准

　　作品的执行情况占____%，创意和美观占____%。

执行情况

　　☐ 能够实现毛毛虫的爬行功能；

　　☐ 能够了解毛毛虫在地面打滑的原因，知道摩擦力的基本知识；

　　☐ 能够熟练使用连杆结构和 U 形结构；

　　☐ 能够阐述毛毛虫的生长过程。

创意和美观

　　A．别出心裁，独一无二

　　B．设计新颖，创意突出

　　C．循规蹈矩，创意不明

　　D．旧调重弹，有待改进

第十一课　毛毛虫

  STEAM内涵

【"讲"科学】

《小学科学标准》"生命科学领域"中要求了解，植物和动物都能繁殖后代，使它们得以世代相传，而且它们从生到死的过程包含不同的发展阶段。要求能够举例说出植物和动物从生到死的生命过程。下面我们就以蝴蝶为例，了解它的成长过程。

蝴蝶的生命周期一般是 9 个月，但并不是一直都以漂亮蝴蝶的模样存在着。它的成长过程是一个循环，这个循环就是卵→毛毛虫→蛹→蝴蝶→卵。

毛毛虫一生中需要蜕皮 5 次，每次蜕皮后都比原来长大好多！等到毛毛虫长大后，它就会离开树叶，找到一个安全的地方，吊挂成形状像字母"J"的结茧。

茧里面的东西叫作蛹，蛹一般有 3 厘米长。不同种类的蝴蝶有不同颜色的茧，有些茧是透明的，我们可以看到蛹在茧里面慢慢变了颜色。经过 9～14 天，蛹在茧里面变成了蝶，开始从茧里面钻出来。

蝴蝶刚从茧里面出来时翅膀是湿的，很软，但一小时以后它就可以飞行了。这样毛毛虫就蜕变成了美丽的蝴蝶，完成了一次生命的循环。

【"学"技术】

通过本节课的学习可以知道，要实现毛毛虫的爬行功能，不仅需要用到前面讲过的"U 形结构"，还需要用到"连杆结构"。如图 11-5 所示，连杆结构就是带有圆孔的绿色杆，它的作用是实现转动、摆动、移动及平面或空间复杂运动。

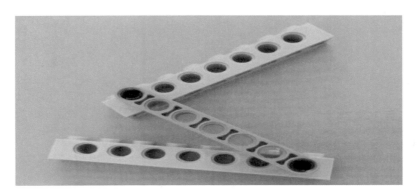

图 11-5　连杆结构示意图

英 语 角

【Daily Words】

How to describe some subjects？怎样来形容各种事物？

It is …

big 大的	small 小的	long 长的
tall 高的	short 短的；矮的	young 年轻的
old 旧的；老的	strong 健壮的	thin 瘦的
active 积极活跃的	quiet 安静的	nice 好看的
kind 和蔼亲切的	strict 严格的	smart 聪明的
funny 滑稽可笑的	tasty 好吃的	sweet 甜的
salty 咸的	sour 酸的	fresh 新鲜的
favourite 最喜爱的	clean 干净的	tired 疲劳的
excited 兴奋的	angry 生气的	happy 高兴的
bored 无聊的	sad 忧愁的	taller 更高的
shorter 更矮的	stronger 更强壮的	older 年龄更大的
younger 更年轻的	bigger 更大的	heavier 更重的
longer 更长的	thinner 更瘦的	smaller 更小的
good 好的	fine 好的	great 很好的
heavy 重的	fat 胖的	happy 快乐的
new 新的	right 对的	hungry 饥饿的
cute 惹人喜爱的	little 小的	lovely 可爱的
beautiful 漂亮的	colourful 色彩鲜艳的	pretty 漂亮的
cheap 便宜的	expensive 昂贵的	juicy 多汁的
tender 嫩的	healthy 健康的	ill 有病的
helpful 有帮助的	high 高的	easy 简单的
proud 骄傲的	sick 有病的	better 更好的
higher 更高的		

【Daily Stories】(难度系数：★★★☆☆)

本节课的关键词是"毛毛虫"，让我们来阅读一篇关于毛毛虫的英语短文(扫描二维码看中英对照）。

On Friday morning, Katie came to school with a caterpillar in a box.

She had some leaves in the box, too.

Katie said to Miss Park, "I will look after this caterpillar. Can it stay in our room?"

"My caterpillar likes eating swan plant leaves." said Katie.

Miss Park said, "Look under this leaf. Here are some little white eggs. Tiny caterpillars will come out of the eggs."

On Monday morning, Katie came to school with a swan plant in a pot.

"Look!" she said to Anna. "Some little caterpillars have come out of the eggs! They can eat this swan plant, too."

All that week, and the next week, the tiny caterpillars nibbled at the swan plant leaves.

The caterpillars got bigger and bigger and bigger!

They nibbled more and more leaves!

"Look at the plant now!" said Katie. "The leaves have all gone! We have no more swan plants for them to eat."

"Oh, no!" said Anna. "The caterpillars are still hungry!"

"Caterpillars will eat pumpkin." said Miss Park.

"I can get some pumpkin from home." said Katie.

The little caterpillars liked eating the pumpkin.

It was under a leaf.

"My caterpillar is making it's chrysalis." said Katie.

"It's going to be a butterfly one day." said Anna.

扫码学制作

第十二课 青蛙

学习目标

(1) 了解生物学的研究对象及方法；

(2) 了解青蛙的小知识,理解青蛙的运动过程；

(3) 学会利用皮带传动原理实现青蛙的爬行；

(4) 尝试加入倾斜传感器作为青蛙的眼睛,观察变化。

关键词汇(Key Words)：生物学、青蛙、发育与成长。

 阅读与思考

情景导入：思思和迪迪在池塘边玩耍时发现了一只长着尾巴的青蛙,周围还围着许许多多小蝌蚪和成年青蛙。由此引导学生思考：

(1) 这只青蛙为什么有尾巴？

(2) 青蛙生长的过程中有几种状态？

 设计与制作

用乐高积木搭建一只青蛙,利用齿轮啮合原理让它向前爬行。

第十二课 青蛙

图 12-1 为参考搭建图。

图 12-1 青蛙乐高模型图

程序编编看

给你的青蛙编写程序，让它向前爬行。参考程序如图 12-2 所示。

图 12-2 WeDo 2.0 程序样例——青蛙

拓展与提高

（1）用乐高积木搭建一只青蛙，尽可能让它显得可爱。在保证搭建的青蛙能够爬行的条件下，评选出最可爱的青蛙。

（2）评选出爬行最快的青蛙。

（3）将幼蛙模型改成一只成年青蛙，思考如何实现下面几个目标。

① 模仿成年青蛙在外观上的改变；

② 模仿成年青蛙在爬行方式上的改变；

③ 模仿成年青蛙在行为上的改变。

（4）思考：从蛙卵到成年青蛙，一般青蛙的生长周期是多久？

检测与评估

评价和标准

作品的执行情况占____%,创意和美观占____%。

执行情况

☐ 能够通过青蛙的生长过程,了解生物学研究的基本方法;
☐ 能够实现青蛙的爬行;
☐ 基本掌握搭建青蛙过程中所用到的机械原理;
☐ 能够编写简单程序,让青蛙在爬行时发出声音。

创意和美观

A. 别出心裁,独一无二
B. 设计新颖,创意突出
C. 循规蹈矩,创意不明
D. 旧调重弹,有待改进

STEAM内涵

【"讲"科学】

《小学科学标准》"生命科学领域"中指出,生命包含动物和植物等多种生物类群。生物之间以及生物与环境之间相互依赖,相互影响,它们组成一个有机的整体。

生物学是研究生物(包括植物、动物和微生物)的结构、功能、发生和发展规律的科学。它是自然科学的一个分支,目的在于阐明和控制生命活动,改造自然,为农业、工业和医学等实践服务。几千年来,我国在农、林、牧、副、渔和医药等实践中,积累了有关植物、动物、微生物和人体的丰富知识。1859年,英国博物学家达尔文的著作《物种起源》发表,确立了唯物主义的生物进化观点,推动了生物学的迅速发展。本节课以青蛙为例,看看生物学的研究与发现。

青蛙(Frog)是属于脊索动物门两栖纲无尾目蛙科的两栖类动物,成年青蛙没有尾巴。青蛙体外受精,卵产于水中,孵化成蝌蚪后,用鳃呼吸;经过变异后,成年青蛙主要用肺呼吸,兼用皮肤呼吸。青蛙体型较苗条,多善于游泳,颈部不明显,无肋骨。中国的青蛙有130种左右,它们几乎都是消灭森林和农田害虫的能手。青蛙的身体可分为头、躯干和四肢三部分。青蛙前脚上有四个趾,后脚上有五个趾,还有蹼。

【"究"数学】

1. 成年青蛙有几条腿?(　　)

A. 2　　　　　　B. 4

2. 青蛙的眼睛对称吗?(　　)

A. 对称　　　　　B. 不对称

3. 搭建青蛙时分为几部分来搭建?(　　)

A. 3　　　　　B. 4　　　　　C. 5

英语角

【Daily Words and Sentences】

颜色识别

1. What colour is it?　　　　　　它是什么颜色的?

　 It's yellow and white.　　　　黄白相间。

2. What colour are they?　　　　它们是什么颜色的?

　 They're green.　　　　　　　绿色的。

颜色

red 红　　　blue 蓝　　　yellow 黄　　　green 绿　　　white 白

pink 粉　　purple 紫　　orange 橙　　　brown 棕　　　black 黑

【Daily Stories】(难度系数:★★★★☆)

本节课的关键词是"青蛙",让我们来阅读一篇关于青蛙王子的英语短文(扫描二维码看译文)。

The Frog Prince(青蛙王子)

　　A long time ago, in a far away land there lived a princess. The princess was the most prettiest, from the time she was a baby anyone who saw her admired her appearance.

On one special day, "Princess, the neighboring country sent this gold ball to you. The King has sent this golden ball to you princess. This is the only gold ball in the world." The princess thought that she was the most beautiful person in the world. So she disliked anything that was ugly and only liked what looked pretty and tasted good.

The princess who had no friends always played alone on the palace lawn with her ball. "If only I had a friend to play with this ball, how nice it would be." Since she was so lonely she talked to herself. "Play ball with me."

The princess looked over to where the voice came from. There was nobody there. "Who is it?" "Would you like to play ball with me?"

The only thing that the princess discovered was a ugly frog who lived in the palace well. The most ugliest and dirtiest frog appeared in front of the princess. "The most beautiful princess, I will be happy to play with you."

"My goodness, how can this ugly frog think of playing ball with me?" The princess went into the palace angrily. The frog was left alone once again.

One day, while the princess was playing with her gold ball it fell into the well. Because the well was so dark, the gold ball couldn't be seen. So, the princess sat down with a thud and began to cry. Just then, the ugly frog appeared.

"Why are you crying, princess?" "My gold ball fell into your well." "I will get your gold ball, if you let me stay and live by your side?" Even though she did not like the ugly frog, she wanted her gold ball back.

With the help of the frog, the princess was able to get her ball back. "Princess, let me live with you." "Hyump! An ugly frog like you, I don't even want to see you." "But, you promised me." Still the frog kept following the princess.

When the princess was having her meal the frog ate beside her. Even when she tucked herself in bed the frog slept beside her. However, the princess disliked living with the ugly frog.

Several days later, the princess became so angry that she threw the ugly frog on the ground. However, instead of the ugly frog a handsome prince was standing before her. "My savior, would you marry me?" The most beautiful princess was able to marry the most handsome prince.

扫码学制作

第十三课 奔跑的小巨人

学习目标

(1) 搭建一个可以行走的小巨人；
(2) 学习齿轮传动原理和连杆结构；
(3) 编写程序，让小巨人动起来并改变小巨人行走的速度。

关键词汇(Key Words)：小巨人、齿轮传动、连杆结构。

 阅读与思考

情景导入：思思和迪迪听了一个故事。传说中遥远的地方有一个村庄，居住着善良快乐的村民，有一天，村庄来了一位不速之客，是一个小巨人，它挥舞着双手，愉快地跑进了村庄，和村民打着招呼。

搭建一个强壮的小巨人，让它能够愉快地奔跑吧。小巨人构建图如图 13-1 和图 13-2 所示。

图 13-1 小巨人模型侧视图

图 13-2 小巨人模型正视图

设计与制作

设计一个可以自由奔跑的小巨人。

(1) 使用电机带动一个大齿轮；
(2) 齿轮相互连接，进行传动；
(3) 大齿轮与长杆连接，组成连杆机构，带动小巨人的脚上下移动；
(4) 将程序输入控制器，控制器带动电机，让小巨人跑起来。

图 13-3 为参考的搭建方式。

图 13-3 小巨人模型整体效果图

第十三课 奔跑的小巨人

给你的小巨人编写程序，让它跑动起来，并记录你的程序（图 13-4 为参考的程序）。

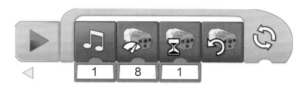

图 13-4　WeDo 2.0 程序样例——小巨人（一）

小巨人不仅可以向前跑，还可以向后退。给你的小巨人编程，让它能够向后退着跑，并记录你的程序（图 13-5 为参考程序）。

图 13-5　WeDo 2.0 程序样例——小巨人（二）

拓展与提高

小巨人能够在粗糙的桌面上自由地奔跑，那它能够在光滑的地面上跑吗？学习了摩擦力的相关知识后，对小巨人进行改进，让它能够在光滑的地面上奔跑。

小巨人在奔跑时它的腿上下前后摆动，你能够通过改变连杆机构来改变小巨人腿的摆动幅度吗？

请对模型进行多种不同的尝试并将结果记录下来。你还可以试着用其他方法来改变这个模型和它的程序。你能够让小巨人做出更多的动作吗？

评价和标准

作品的执行情况占＿＿＿％，创意和美观占＿＿＿％。

执行情况

☐ 能够实现小巨人的奔跑功能；

☐ 加入倾斜传感器，观察小巨人的变化；

☐ 能够列举动画片中见过的小巨人；

☐ 能够对粗糙平面和光滑平面的定义有清晰的认识。

创意和美观

A．别出心裁，独一无二

B．设计新颖，创意突出

C．循规蹈矩，创意不明

D．旧调重弹，有待改进

STEAM内涵

【"讲"科学】

《小学科学标准》"生命科学领域"中要求低年龄段的学生能够识别人体中的各种器官。本节课我们来了解一下人体结构中的比例关系。

研究发现，对称是形成人体美的重要因素。人的形体构造在外部形态上都呈左右对称。例如，面部以鼻梁为中线，眉、眼、耳都是左右各一，两侧的嘴角和牙齿也是对称的；身体前部以胸骨、后部以脊柱为中线，左右肩及四肢均呈对称。因此，对称是小巨人模型的第一要素。

研究还发现，就人体结构整体而言，每个部位的分割都遵循黄金分割定律。例如，肚脐是身体的黄金分割点，肚脐以上的身体长度与肚脐以下的比值是 0.618∶1。因此，小巨人模型按照黄金分割定律来安排各部位，给人以和谐的美感。

【"求"艺术】

独眼巨人（κύκλωψ/Cyclops，或译基克洛普斯）是希腊神话中居住在西西里岛的巨人，它的独眼长在额头上，希腊语中它名字的意思是圆眼。根据希腊神话，第一代独眼巨人是乌拉诺斯和盖亚的孩子，一共有三个。根据古希腊诗人赫西奥德的描述，它们强壮、固执并且容易冲动，擅长制造、使用各种工具和武器。

第十三课 奔跑的小巨人

英语角

【Daily Words】

季节、月份

spring 春　　　summer 夏　　　fall/autumn 秋　　　winter 冬

Jan.（January）一月　　　　　　Feb.（February）二月

Mar.（March）三月　　　　　　 April 四月

May 五月　　　June 六月　　　 July 七月

Aug.（August）八月　　　　　　Sept.（September）九月

Oct.（October）十月　　　　　 Nov.（November）十一月

Dec.（December）十二月

【Daily Stories】（难度系数：★★★☆☆）

本节课的关键词是"小巨人"，请阅读以下文章（扫描二维码看中英对照）。

The Giant's Garden（巨人的花园）

A giant lives in a big house with a beautiful garden.

Children like to play in the garden. They have a lot of fun there.

The giant finds the children in his garden. He is very angry.

"Get out! Get out!"

The giant builds a tall wall around his garden.

No entry!

Now the children cannot play in his garden.

Soon Miss Spring comes.

She brings beautiful flowers and birds，but she does not bring any to the giant's garden.

"It's cold here. Where's Miss Spring?"

The giant looks at his garden and feels sad.

Miss Spring，Miss Summer and Miss Autumn do not visit the giant.

It is always winter in the giant's garden.

I don't like the giant. He's not kind to children.

One morning, the giant hears some lovely sounds.

He sees some beautiful flowers too. The giant is very happy.

"Hooray! Miss Spring is here!"

The giant finds some children in his garden.

They are coming through a hole. They bring Miss Spring to his garden!

The giant knocks down the wall around his garden.

"Children, you can play in my garden any time."

Miss Spring never comes late again.

扫码学制作

第十四课 鳄鱼

学习目标

(1) 了解爬行动物,能举例说出不同的脊椎类爬行动物;
(2) 了解齿轮与滑轮间的传动原理;
(3) 独立完成程序的编写。

关键词汇(Key Words):鳄鱼、滑轮传动、运动传感器。

 阅读与思考

情景导入:思思和迪迪来到动物园,发现有许多鳄鱼在水池边休息,它们时而张开嘴巴,显得非常饥饿。看着鳄鱼的嘴巴一张一合,思思和迪迪开始思考能不能用乐高积木来实现鳄鱼的这个动作。

玩具鳄鱼和鳄鱼的卡通形象分别如图14-1和图14-2所示。

图14-1 玩具鳄鱼

图 14-2　鳄鱼的卡通形象

你能搭建出一条鳄鱼，让它吃东西时合上嘴巴吗？

 设计与制作

设计一条鳄鱼，让它吃东西时合上嘴巴。

（1）用电机带动一个齿轮；

（2）齿轮与齿轮进行传动；

（3）齿轮与滑轮进行传动；

（4）滑轮与鳄鱼的上颚结合在一起，让它能够合上嘴巴。

图 14-3 为参考的搭建方式。

图 14-3　鳄鱼乐高模型图

给你的鳄鱼编写程序,让它吃东西时合上嘴巴,并记录你的程序(图14-4(a)为参考的程序)。

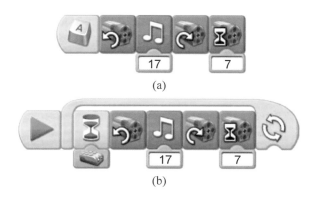

图14-4　WeDo 2.0程序样例——鳄鱼

添加一个运动传感器,让你的鳄鱼能通过传感器自动察觉到有东西放进嘴里并合上嘴巴,记录你的程序(图14-4(b)为参考程序)。

 拓展与提高

你知道鳄鱼还有其他哪些生活习性吗？改变模型的结构,试着让它做出各种动作。

 检测与评估

评价和标准

作品的执行情况占____%,创意和美观占____%。

执行情况

□ 能够实现鳄鱼嘴巴的开合功能；

□ 能够阐述运动传感器的功能；

□ 能够了解脊椎类爬行动物的概念并举例说明；

□ 与小朋友交流制作心得。

创意和美观

A. 别出心裁,独一无二

B. 设计新颖,创意突出

C. 循规蹈矩,创意不明

D. 旧调重弹,有待改进

STEAM内涵

【"讲"科学】

鳄鱼(Crocodile)是肉食性卵生脊椎类爬行动物。它是两亿多年前与恐龙同时代的爬行动物,凭借其顽强的生命力而生存和繁衍,成为地球上最古老的生物"活化石"之一。鳄鱼并不是鱼,也许是由于它像鱼一样在水中嬉戏,因此得名"鳄鱼"。鳄鱼是濒危野生动物,我国特有的扬子鳄被列为国家一级保护动物。

英语角

【Daily Words】

景物

river 河流	lake 湖泊	stream 河;溪	forest 森林
path 小道	road 公路	house 房子	rain 雨
cloud 云	bridge 桥	building 建筑物	sun 太阳
mountain 山	sky 天空	rainbow 彩虹	wind 风
air 空气	moon 月亮		

【Daily Stories】(难度系数:★★★☆☆)

本节课的关键词是"鳄鱼",请阅读以下文章来学习关于鳄鱼的知识(扫描二维码看中英对照)。

Crocodiles(鳄鱼)

When most dinosaurs disappeared eighty million years ago, some kinds of animal survived.

Crocodiles were one of them.

People believe that crocodiles were living two hundred million years ago.

Crocodiles have very thick and green skin.

Some kinds of crocodiles like to live in fresh water and others like salty water.

They usually eat fish, reptiles and mammals.

If you ever saw a crocodile, you might think they look very slow.

As a matter of fact, they are very fast.

Also, they have very strong teeth and jaws.

These characteristics make crocodiles one of the most dangerous animals in the world.

扫码学制作

第十五课 食人花

学习目标

（1）了解植物学研究的基本方式，了解食人花习性；
（2）理解并利用运动传感器的原理；
（3）自主编程，实现食人花的花瓣开合功能。

关键词汇（Key Words）：食人花、运动传感器、植物学。

阅读与思考

情景导入：有一天，思思和迪迪在电视中看到一只苍蝇飞到一朵花上，然后苍蝇就不见了踪影。他们很好奇这是怎么回事，于是就去问爸爸妈妈。爸爸妈妈告诉他们，这是一种专门捕捉昆虫的植物，俗称"食人花"。于是，思思和迪迪也想搭建能够模仿这样的植物特性的作品。

现实中的食人花如图15-1、图15-2所示。

你能搭建出一朵食人花，让它在感受到外来物体时能够展开或合上花瓣吗？

第十五课　食人花

图 15-1　食人花（一）

图 15-2　食人花（二）

 设计与制作

设计一朵会自动展开或合上花瓣的食人花。

（1）用电机带动齿轮转动；

（2）齿轮带动轴转动；

（3）运动传感器识别到有物体接近后，食人花的花瓣展开。

图 15-3 为参考的搭建方式。

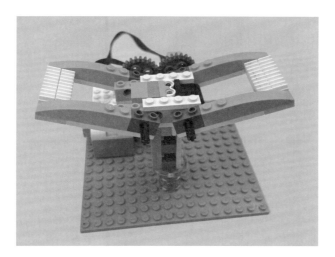

图 15-3　食人花乐高模型图

 程序编编看

给你的食人花编写程序，让它展开或合上花瓣，并记录你的程序（图 15-4 为参考的程序）。

图 15-4　WeDo 2.0 程序样例——食人花

拓展与提高

说一说，你的食人花是怎么知道有外物入侵的？你还知道哪些特殊种类的植物？它们为什么有特殊的功能？

检测与评估

评价和标准

作品的执行情况占____%，创意和美观占____%。

执行情况

☐ 能够实现花瓣自动闭合的功能；
☐ 能够回答有关食人花的问题；
☐ 能够简述自己的编程思路；
☐ 能够灵活运用齿轮传动原理。

创意和美观

A．别出心裁，独一无二

B．设计新颖，创意突出

C．循规蹈矩，创意不明

D．旧调重弹，有待改进

STEAM内涵

【"讲"科学】

《小学科学标准》"生命科学领域"中指出，植物能适应环境，可制造和获取养分来维持自身的生存;要求举例说明生活在不同环境中的植物其外部形态具有不同的特点,并说明这些特点对维持植物生存的作用。

你听说过"食人花"吗?这个有点可怕的名字是怎么得来的呢?

食人花(大王花),又名捕蝇草,生长在南美洲亚马孙河流域的原始森林和沼泽地带。食人花没有叶子,也没有茎。如图15-2所示,它颜色娇艳,形似太阳,直径可达1.5米;每朵花有5个花瓣,每个花瓣长三四十厘米。食人花主要靠苍蝇来传播花粉,靠汲取其他植物的营养来生存。

英语角

【Daily Words】

本节课的关键词是"花",请阅读并背诵以下单词,记住各种植物名称。

flower 花	grass 草	tree 树
seed 种子	sprout 苗	plant 植物
rose 玫瑰	leaf 叶子	apple 苹果
banana 香蕉	pear 梨	orange 橙子
grape 葡萄	eggplant 茄子	green beans 青豆
tomato 西红柿	potato 土豆	peach 桃
strawberry 草莓	cucumber 黄瓜	onion 洋葱
carrot 胡萝卜	cabbage 卷心菜	watermelon 西瓜

【Daily Stories】(难度系数:★☆☆☆☆)

请阅读以下关于春游的作文(扫描二维码看译文)。

Spring Outing(春游)

Many students are going spring outing. Some students are boating. And some students are having a picnic. The others are playing games. There is a girl sitting on a chair reading a book. The sky is blue. The trees are green. The flowers are red. It's a very beautiful park. They have a good time!

扫码学制作

第十六课 打鼓的猴子

学习目标

（1）了解猴子的小知识；

（2）认识凸轮并了解它的用处及工作原理；

（3）掌握如何通过凸轮的不同安装位置敲出不同的节拍。

关键词汇（Key Words）：猴子、凸轮传动。

阅读与思考

情景导入：思思和迪迪一起去外面玩，他们在广场上看到一只在打鼓的猴子，这只猴子很机灵，能敲出不同的节拍，悦耳动听。

图 16-1、图 16-2 分别是打鼓的猴子的卡通形象和模型。

小朋友们，你们能搭建一只会打鼓的猴子，并让它敲出不同的节拍吗？

第十六课　打鼓的猴子

图 16-1　打鼓的猴子（一）

图 16-2　打鼓的猴子（二）

 设计与制作

设计一只打鼓的猴子，让它敲打出不同的节拍。

（1）用电机带动一个齿轮；

（2）齿轮带动凸轮传动；

（3）凸轮带动杠杆击鼓。

图 16-3 为参考的模型图。

图 16-3　打鼓的猴子乐高模型图

程序编编看

给你搭建的猴子编写程序，让它打鼓，并记录你的程序（图 16-4 为参考的程序）。

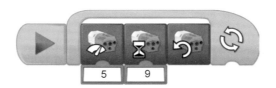

图 16-4　WeDo 2.0 程序样例——打鼓的猴子

你的猴子可以敲打出不同的节拍吗？给你的猴子编程，让它在打鼓的同时唱歌，并记录你的程序。

拓展与提高

通过改变模型上的凸轮相对于杠杆的不同位置来改变打鼓的节拍，并在表 16-1 中记录每种情况。

表 16-1　凸轮的不同位置

左边的凸轮	右边的凸轮	听到或看到的现象
▯	▯	
▯	▬	
▯	▬▬	
▯▯	▬▬	

你还可以试着用其他方法来改变这个模型和它的程序。你能让这只猴子敲打出其他节拍吗？

第十六课　打鼓的猴子

 检测与评估

评价和标准

作品的执行情况占____%,创意和美观占____%。

执行情况

□ 能够实现猴子打鼓的基本功能;
□ 能够识别凸轮并利用凸轮组合实现各种功能;
□ 能够阐述不同打鼓节拍的原理;
□ 能够举例说明各种打击类乐器。

创意和美观

A. 别出心裁,独一无二
B. 设计新颖,创意突出
C. 循规蹈矩,创意不明
D. 旧调重弹,有待改进

 STEAM内涵

【"学"技术】

本节课所用到的凸轮可以让猴子敲打出节奏不同的音效。它其实还有很多作用。凸轮结构的主要作用是使从动杆按照工作要求完成各种复杂的运动,包括直线运动、摆动、等速运动和不等速运动。

【"求"艺术】

鼓是精神的象征,舞是力量的表现,鼓舞结合开舞蹈文化之先河。按古文献记载,最早的鼓是陶器时代用陶土烧制的"土鼓",土鼓标志着农耕文化型舞蹈的开端。

鼓在汉族民间舞蹈中占有极重要的位置。分析其艺术形式、风格与地域文化的特色,有以中原地区为代表的北方鼓舞,多是集体表演,风格粗犷,气势恢宏,队形的变化也多,如河南开封的"盘鼓"、陕北洛川的"蹩鼓"和兰州"太平鼓"等;有长江流域的南方鼓舞,小型多样,灵活纤巧,并有演唱情节,如安徽"凤阳花鼓"、江苏无锡"渔篮花鼓"、湖南"地花鼓"等;花鼓舞在一些北方地区也广为流传,但多是重舞不重唱,讲究技艺求精,如山西"晋南花鼓"、陕西"宜川花鼓"等。

 英 语 角

【Daily Words】

动作

jump 跳	run(ran) 跑	play 玩;踢
climb 爬	fight(fought) 打架	swing(swung) 荡
swim(swam) 游泳	skate 滑冰	fly(flew) 飞
walk 走	eat(ate) 吃	sleep(slept) 睡觉
like 像,喜欢	turn 转弯	have(had) 有;吃
buy(bought) 买	take(took) 买;带	live 居住
teach(taught) 教	go(went) 去	study(studied) 学习
learn 学习	sing(sang) 唱歌	dance 跳舞
row 划	do(did) 做	

【Daily Stories】(难度系数:★★★☆☆)

本节课的关键词是"猴子",请阅读这篇关于猴子的故事(扫描二维码看中英对照)。

Naughty Monkey(顽皮的猴子)

It's very hot. An old man is asleep on the chair. A fly comes and sits on the end of the man's nose.

The old man has a naughty monkey. He chases the fly.

The fly comes back again and sits on the old man's nose again. The monkey chases it away again and again.

This happens five or six times. The monkey is very angry. He jumps up, runs to the garden and picks up a large stone.

When the fly sits on the old man's nose again, the monkey hits it hard with the stone.

He kills the fly and breaks the old man's nose.

扫码学制作

第十七课 体操机器人

学习目标

（1）了解体育运动方面的小常识和运动的好处；
（2）理解并利用齿轮传动原理搭建体操机器人；
（3）阐述本节课所用到的原理及所学内容。

关键词汇（Key Words）：体操机器人、齿轮传动、轴传动。

🔑 阅读与思考

情景导入：在 2008 年的北京奥运会上，中国的运动健儿取得了辉煌的成绩，在体操项目上摘得了多枚金牌。思思和迪迪在看电视时发现了做单杠动作的体操机器人，他们觉得特别好玩，也想用乐高积木搭建出能够做体操动作的机器人，于是开启了他们的探索之路。

图 17-1、图 17-2 分别是体操机器人玩具和真正的体操机器人。

你能搭建出一个会做单杠动作的体操机器人吗？它通过什么方式来做旋转运动呢？

图 17-1 体操机器人玩具

图 17-2 体操机器人

 设计与制作

设计一个会自由旋转的体操机器人。

（1）用电机带动一个齿轮转动；

（2）齿轮再带动轴转动；

（3）轴带动小轮子转动；

（4）小轮子带动体操机器人做旋转运动。

图 17-3 为参考的搭建方式。

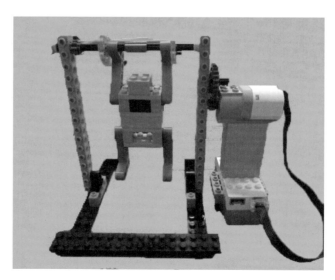
图 17-3 体操机器人乐高模型图

第十七课　体操机器人

 程序编编看

给你的体操机器人编写程序,让它旋转起来,并记录你的程序(图17-4 为参考的程序)。

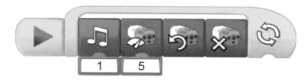

图17-4　WeDo 2.0程序样例——体操机器人

 拓展与提高

说一说,你的体操机器人是怎样运动的?你还知道哪些体操项目呢?你最喜欢哪类体育项目?为什么喜欢它?

 检测与评估

评价和标准

作品的执行情况占＿＿＿%,创意和美观占＿＿＿%。

执行情况

□ 能够阐述体育运动的种类和好处;
□ 能够实现体操机器人的运动功能;
□ 能够阐述各程序模块功能并实现简单编程;
□ 和小朋友们交流自己的运动心得。

创意和美观

A. 别出心裁,独一无二
B. 设计新颖,创意突出
C. 循规蹈矩,创意不明
D. 旧调重弹,有待改进

STEAM内涵

【"讲"科学】

"体操"是所有体操项目的总称。根据目的和任务,体操可分为基本体操和竞技性体操两大类。

基本体操是指动作和技术都比较简单的一类体操,其主要目的是强身健体和培养良好的身体姿态,所面对的主要对象是广大群众,最常见的有广播体操和为防治各种职业病的健身体操。而竞技性体操,从字面上就可以看出,是指在赛场上以争取胜利、获得优异成绩、争夺奖牌为主要目的的一类体操。这类体操动作难度大,技术复杂,有一定的危险性,从事这类体操训练的主要是运动员。

【"求"艺术】

艺术体操的主要项目有绳操、球操、圈操、带操、棒操5种,它吸收了芭蕾舞、现代舞、民间舞和杂技等精华,不但能够培养运动员的力量、灵巧、节奏感等素质,从心理和生理角度来看,更符合女子锻炼的要求,是深受现代女性欢迎的运动。

英语角

【Daily Words】

本节课的关键词之一是"运动员",请回顾第八课学习的单词,记住各种职业名称。

【Daily Stories】(难度系数:★☆☆☆☆)

本节课的关键词是"体操机器人",请阅读这篇短文来了解运动的好处(扫描二维码看译文)。

Taking exercise is good for our health. All work and no play makes Jack a dull boy. By taking exercise, we can relax our body and mind. At the same time, we can harden our muscle and have a good figure. If we don't take exercise for a long time, we may easily fall sick.

I enjoy several outdoor sports. Swimming in the sea is my favorite. Because there are too many people in a swimming pool and the water is always dirty. I prefer to swim in the sea.

Playing badminton is also fun. I can always find a place in the park for playing badminton. Besides, I enjoy jogging in the morning. Sometimes, I jog with my parents in the park.

扫码学制作

第十八课 足球射手

学习目标

(1) 了解足球运动的历史；
(2) 理解杠杆原理并搭建足球比赛模型；
(3) 掌握运动传感器的作用。

关键词汇（Key Words）：足球、杠杆、运动传感器。

 阅读与思考

情景导入：思思和迪迪两个小朋友都喜欢足球。他们在电视上看到了一名很优秀的守门员，他们也想感受一下作为一名守门员的感觉。可是谁来进攻和射门呢？

图 18-1 是足球射手的模型。

你能搭建出一名专门在球门前射门的射手吗？

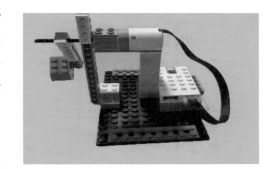

图 18-1　足球射手乐高模型图

设计与制作

设计一名足球射手,让它能踢出一个用纸做的足球。

(1) 用杠杆做出"脚"的模型;

(2) 电机转动让杠杆转起来,把球踢出去。

 程序编编看

给你的射手编写程序,让它把一个用纸做的足球踢出去,并记录你的程序(图 18-2(a)为参考程序)。

给你的射手加上一个传感器,让它知道当球放在正确的位置时就把球踢出去。给它编程并记录你的程序(图 18-2(b)为参考程序)。

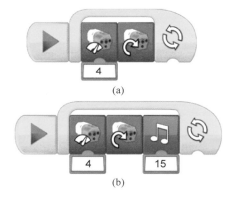

图 18-2　WeDo 2.0 程序样例——足球射手

拓展与提高

你搭建的射手能把球踢多远呢？先预测一下,再编程让射手实际操作一次,然后测量球被踢出的实际距离与预测距离相差多远。在表 18-1 中记录每种情况。

表 18-1　射手的踢球距离

测 试 序 号	预 测 距 离	实 际 距 离
第一次测试		
第二次测试		
第三次测试		

第十八课 足球射手

检测与评估

评价和标准

作品的执行情况占____%,创意和美观占____%。

执行情况

☐ 能够实现足球射手的基本功能;

☐ 能够讲述足球运动的历史;

☐ 能够通过编程拓展足球射手的技能;

☐ 和小朋友交流足球运动。

创意和美观

A. 别出心裁,独一无二

B. 设计新颖,创意突出

C. 循规蹈矩,创意不明

D. 旧调重弹,有待改进

STEAM内涵

【"懂"历史】

英国谢菲尔德足球俱乐部是公认的世界上第一个足球俱乐部,它诞生于1857年10月24日。1863年,世界第一个足球协会(英足总)在英国成立。从此,有组织的、在一定规则约束下的足球运动开始从英国传遍欧洲,传遍世界。

中国历史上最早的足球运动称为"蹴鞠"。南宋时期,临安(今杭州)就成立了"齐云社",又称"圆社",专门负责蹴鞠比赛的组织和宣传推广。这是我国最早的单项运动协会,类似于今天的足球俱乐部,也可以说,它就是世界上最早的足球俱乐部。

现代最早的华人足球俱乐部是成立于1908年的香港南华队。北京国安足球俱乐部是我国成立较早的一家职业足球俱乐部,成立于1992年12月31日,是中国足球甲级A组联赛和中国足球超级联赛的创始会员之一。

英 语 角

【Daily Words】

做运动

do morning exercises 晨练　　do sports 做运动

play badminton 打羽毛球　　play basketball 打篮球

play cards 打牌　　play football 踢足球

play games 玩游戏　　play table tennis 打乒乓球

play tennis 打网球　　play the guitar 弹吉他

play the piano 弹钢琴　　ride a bike 骑自行车

take exercise 锻炼

【Daily Stories】（难度系数：★★☆☆☆）

本节课的关键词是"足球"，请阅读以下文章来学习关于足球的知识（扫描二维码看译文）。

Football is connected with the people throughout the world. It has become a part of people's life. Every day, many football matches are going on here and there around the world. Pick up a newspaper and you can learn the the results of the football matches. We enjoy playing football, watching football games after work. During the football matches of the World Cup, millions of people watch the matches on TV. When their favorite teams win, they will give them three cheers. When they fail, they feel sad. We all hope our national team will be the strongest one in the world.

扫码学制作

第十九课 足球守门员

学习目标

（1）了解足球守门员角色的意义；

（2）理解齿轮传动原理和连杆结构；

（3）搭建足球守门员并编写程序，实现守门功能。

关键词汇（Key Words）：守门员、连杆结构。

阅读与思考

情景导入：小朋友们，你们喜欢看足球比赛吗？前面思思和迪迪两个小朋友搭建了足球射手，现在让我们来搭建一名足球守门员。

设计与制作

设计一名守门员，让它能够阻挡射手踢出来的纸球。

（1）用电机带动一个齿轮；

（2）齿轮与齿轮进行传动；

（3）齿轮拉动守门员的手臂，让它来回移动。

图 19-1 为参考的搭建方式。

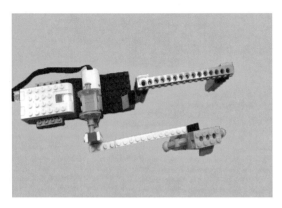

图 19-1　足球守门员乐高模型图

 程序编编看

给你的守门员编写程序，让它能够阻挡射手踢出来的纸球，并记录你的程序（图 19-2 为参考的程序）。

图 19-2　WeDo 2.0 程序样例——足球守门员

给守门员加上一个传感器，让它数一数有多少球它没挡住，而是被射手射进了球门。给它编写程序并记录你的程序。

 拓展与提高

你搭建的守门员能挡多少球？得分是多少？失球多少个？采用表 19-1 中的建议，每轮各尝试 10 次，测试 3 轮，并在表格中记录每轮的情况。

表 19-1　守门员的守门成绩

测　试	阻　挡	得　分	失　球
10 次			
10 次			
10 次			

第十九课 足球守门员

 检测与评估

评价和标准

作品的执行情况占____%,创意和美观占____%。

执行情况

☐ 能够实现足球守门员的手臂挥动功能;

☐ 能够完成作品测试中的列表、记录等;

☐ 能够联系第十八课足球射手的知识,了解足球守门员的职责与技巧;

☐ 和小朋友一起比赛,团队协作,体验合作的乐趣。

创意和美观

A. 别出心裁,独一无二

B. 设计新颖,创意突出

C. 循规蹈矩,创意不明

D. 旧调重弹,有待改进

 STEAM内涵

【"懂"历史】

足球有"世界第一运动"的美誉,是全球最具影响力的单项体育运动。标准的足球比赛由两队各派10名球员与1名守门员,共22人,在长方形的草地球场上对抗、进攻。

比赛目的是尽量将足球射入对方的球门内,每射入一球就可以得到一分,当比赛结束时,得分多的一队则胜出。如果两队在比赛规定时间内得分相同,则可以通过抽签、加时赛或互射点球等形式分出胜负。足球比赛中除了守门员可以在己方禁区内利用手部接触足球外,球场上每名球员只可以利用手以外的身体部分控制足球(发界外球例外)。

【"学"技术】

十字口积木联合镶嵌口积木使用

十字口积木可以穿入一根轴,而镶嵌口积木可以连接带有圆孔的梁或带洞的板等。将它们联合使用(见表 A-2 中的十字口镶嵌积木),可以实现一边随轴转动,一边随梁转动,这样可以解决一边能动一边不能动的问题。

英语角

【Daily Sentences】

询问兴趣、喜好

1. What's your favourite food/drink?　　你最喜欢的食物/饮料是什么?
   Fish/Orange juice.　　鱼。/橙汁。

2. What's your favourite fruit?　　你最喜欢的水果是什么?
   I like apples. They're sweet.　　我喜欢苹果。它们很甜。
   (I like fruit. But I don't like grapes. They're sour.
   我喜欢水果。但我不喜欢葡萄。它们很酸。)

3. What's your favourite season?　　你最喜欢的季节是什么?
   (Which season do you like best?)　　(你最喜欢哪个季节?)
   Winter.　　冬天。
   Why do you like winter?　　你为什么喜欢冬天?
   Because I can make a snowman.　　因为可以堆雪人。

4. What's your hobby?　　你的爱好是什么?
   I like collecting stamps.　　我喜欢集邮。
   What's his hobby?　　他的爱好是什么?
   He likes riding a bike.　　他喜欢骑自行车。

5. Do you like peaches?　　你喜欢吃桃子吗?
   Yes, I do./No, I don't.　　喜欢。/不喜欢。

【Daily Stories】(难度系数:★★★☆☆)

本节课的关键词是"足球",请阅读以下关于球王贝利的故事(扫描二维码看译文)。

Everyone will laugh at you if you don't know about Pele(贝利),the most famous football player in Brazil(巴西). Because of his great devotion(贡献) to the cause of football, he is always honored as the "King" by football fans(球迷) worldwide. When he was thirteen, with perfect skills he joined Santos(桑托斯), a very important football club in Brazil. In 1958, Pele was chosen to play for Brazil in the Sixth World Cup Competition. Although he was sixteen, he was the best player on the field. Thanks to Pele, Brazil won the world championship for the first time. Pele played for Brazil in the World Cup Competitions from 1958 to 1970. In one famous match, the fans were awaiting the exciting moment when Pele would score his thousandth goal when there referee(裁判) gave Santos a penalty(点球) kick. Pele walked up to take it. The opposing goalkeeper(对方守门员) had no chance with the hard and accurate(准确的) shot. Pele had scored his thousandth goal! The crowds cheered: "Pele, Pele…" That is a record which is as valuable in sports as a thousand goals. Pele was always faithful to the spirit of the sport as a professional(职业的) player. He always played a fair game and behaved modestly(谦虚地) with a cheerful smile. He is held in high respect, and now he is the Minister of Physical Education in Brazil.

扫码学制作

第二十课 足 球 迷

学习目标

(1) 按照前述课程的搭建经验,讨论搭建足球迷模型的要素;
(2) 学习齿轮传动和凸轮的原理及其应用,搭建球迷模型;
(3) 进一步探究运动传感器的应用场景;
(4) 编写程序,使用音乐模块创造球迷观赛过程中的场面。

关键词汇(Key Words):足球迷模型、齿轮传动、声音模块。

 阅读与思考

情景导入:思思和迪迪正在足球场上快乐地踢足球,各自都进了不少球。可是,他们发现没有观众给他们鼓掌加油,心情有些低落。我们需要几名足球迷来为他们呐喊助威,如何利用 WeDo 器材来设计能够欢呼雀跃的足球迷模型呢?

 设计与制作

设计一群足球迷,它们时而站立,时而坐下,并呐喊助威。

- 用电机带动一个齿轮;

- 齿轮与齿轮之间进行传动；
- 齿轮带动凸轮，使足球迷时而站立、时而坐下。

图 20-1 为参考的搭建方式。

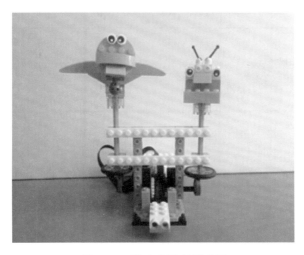

图 20-1　足球迷乐高模型图

程序编编看

给你的足球迷模型编写程序，使它时而站立、时而坐下，还能够发出呐喊助威的加油声。给它加上一个传感器，让它能够在球经过观众看台时，发出热烈的加油声。给它编程，并记录你的程序。参考程序如图 20-2 所示。

图 20-2　WeDo 2.0 程序样例——足球迷

拓展与提高

大家搭建的足球迷模型表现如何？我们来给它们评分，看看谁是表现最优秀的足球迷。试着采用表 20-1 分别给不同的模型打分，体会 STEAM 教育中艺术的表现力。经过评比，谁是最优秀的足球迷呢？

表 20-1 "足球迷"评价表

姓名	穿着	声音	动作	总分

检测与评估

评价和标准

作品的执行情况占____%，创意和美观占____%。

执行情况

☐ 足球迷模型能够站立和坐下；
☐ 掌握音乐模块的使用技巧，能够展示足球迷欢呼的效果；
☐ 能够使用运动传感器增加互动效果。
☐ 能够阐述主要的球类运动。

创意和美观

A．别出心裁，独一无二
B．设计新颖，创意突出
C．循规蹈矩，创意不明
D．旧调重弹，有待改进

STEAM内涵

【"懂"历史】

球类运动是指以球作为比赛基础的运动项目的总称。球类运动大致可以分为如下四类：使用球棒类、双球门类、空中击球类、击中指定目标类。世界上共有二十余种不同的球类运动，包括手球、篮球、足球、排球、羽毛球、网球、高尔夫球、冰球、沙滩排球、棒球、垒球、藤球、毽球、乒乓球、台球、板球、壁球、克郎球、橄榄球、曲棍球、水球、马球、保龄球、健身球、门球、弹球等。在现代体育史上，球类运动一直扮演着极其重要的角色，无论是项目的群众普及程度还是相关赛事的影响力，球类运动都是毋庸置疑的体育界"王者"。其中,足球是全球体育界最具影响力的单项体育运动之一,有"世界第一运动"的美誉。

【"学"技术】

《小学科学标准》"技术与工程领域"中指出,技术包括人们利用和改造自然的方法、程序和产品。机械传动在机械工程中应用非常广泛,主要是指利用机械方式传递动力和运动。机械传动一般分为摩擦传动和啮合传动。其中,啮合传动主要靠主动件与从动件啮合或借助中间件啮合传递动力或运动,包括齿轮传动、链传动、螺旋传动和谐波传动等。

齿轮传动是指利用两齿轮的轮齿相互啮合传递动力和运动的机械传动。在各类机械传动中,齿轮传动应用最广,可用来传递任意两轴之间的运动和动力。

齿轮传动的特点是:平稳,传动比精确,工作可靠,效率高,寿命长,使用的功率、速度和尺寸范围大。例如,齿轮传动传递功率的变化范围很广,速度最高可达300米/秒,齿轮直径可以从几毫米到二十多米。但是制造齿轮需要有专门的设备,啮合传动会产生噪声。

英语角

本节课的关键词是"足球",请阅读以下文章来学习关于足球比赛的知识(扫描二维码看译文)。

Football Game(足球比赛)

Last week, my father took me to the park with his friends, they planned to play a football game, so I could have the chance to watch the game. It was the first time for me to watch the football game. It was so good to watch it, and I was full of passion. Since that time, I fall in love with football, and I spend more time with my father.

扫码学制作

第二十一课 自动感应门

学习目标

(1) 回顾齿轮传动原理；
(2) 搭建自动感应门，了解齿轮条传动；
(3) 编写简单程序，让自动感应门动起来。

关键词汇（Key Words）：自动感应门、运动传感器、齿轮条传动。

阅读与思考

情景导入：思思和迪迪在商场见过能够自动打开的门，他们很想知道它的工作原理。它如何检测到有物体靠近？你能想到自动感应门可能出错的情况吗？如果一只小狗突然穿过，自动感应门会如何应对？

图 21-1 和图 21-2 都是现实中的自动感应门。

图 21-1　自动感应门（一）

第二十一课　自动感应门

图 21-2　自动感应门(二)

你能搭建出一扇自动打开的门吗？想一想用什么样的方法可以让门自动打开呢？

 设计与制作

设计一扇自动打开的门。

（1）用电机带动齿轮转动；

（2）齿轮再带动齿轮条转动(即齿轮条传动)；

（3）程序中设定一段时间，让门在规定时间内打开或关闭(通过运动传感器实现)。

图 21-3 为参考的搭建方式。

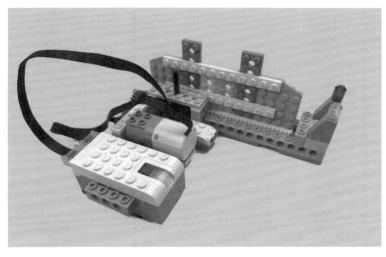

图 21-3　自动感应门乐高模型图

程序编编看

给你的自动感应门编写程序,让它打开或关闭,并记录你的程序(图 21-4 为参考的程序)。

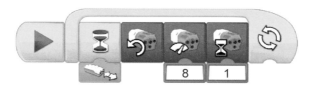

图 21-4　WeDo 2.0 程序样例——自动感应门

 拓展与提高

说一说,你是怎么编程让你的自动感应门动起来的?你还知道哪些不同的门?能详细介绍吗?

 检测与评估

评价和标准

作品的执行情况占____%,创意和美观占____%。

执行情况

☐ 能够实现自动感应门的基本功能;

☐ 能够阐述平动传动的基本原理并举例说明;

☐ 能够阐述自己的编程思路,以及程序是否能应对突发状况;

☐ 能够了解工程设计的基本过程。

创意和美观

A．别出心裁,独一无二

B．设计新颖,创意突出

C．循规蹈矩,创意不明

D．旧调重弹,有待改进

第二十一课　自动感应门

STEAM内涵

【"讲"科学】

《小学科学标准》"技术与工程领域"中强调，工程技术的关键是设计，工程是运用科学和技术进行设计、解决实际问题和制造产品的活动。工程设计的基本步骤包括明确问题、确定方案、设计制作、改进完善等。本节课需要针对自动感应门的设计要求，确定设计方案，完成设计任务。

自动感应门的工作原理是：当你从门前经过时，自动门前面的探头（专业名称为"红外线传感器"）会感应到你的身体发射的红外线，然后与传感器相连的继电器闭合，给自动门内部控制器传送一个开门信号，电机开始运转，皮带带动自动门打开，一定时间之后，自动门再自动关闭。

【"学"技术】

《小学科学标准》"技术与工程领域"中指出，工程设计需要考虑可利用的条件和制约因素，并不断改进和完善。自动感应门检测是否有行人通过，需要考虑行人的身高、行进速度等因素。精准的检测与及时开门是自动感应门的基本功能，因此对于传感器的选择有特殊要求。

红外线传感器是利用红外线进行数据处理的一种传感器，具有灵敏度高、易于使用等优点。红外线传感器可以控制驱动装置的运行。

红外线传感器常用于无接触温度测量、气体成分分析和无损探伤，在医学、军事、空间技术和环境工程等领域得到广泛应用。例如，采用红外线传感器远距离测量、生成人体表面温度的热像图，可以发现温度异常的部位。

英语角

【Daily Words】

本节课的关键词是"门"，请阅读并背诵以下单词，记住这些常见物品的名称。

window 窗户	door 门	desk 课桌
chair 椅子	computer 计算机	board 写字板
fan 风扇	light 灯	teacher's desk 讲台
picture 图画；照片	wall 墙壁	floor 地板

curtain 窗帘	trash bin 垃圾箱	closet 壁橱
mirror 镜子	bedstand 床头柜	present 礼物
walkman 随身听	lamp 台灯	sofa 沙发
football/soccer 足球	phone 电话	shelf 书架
fridge/refrigerator 冰箱	bed 床	table 桌子
TV 电视	air-conditioner 空调	

【Daily Stories】(难度系数：★★☆☆☆)

本节课的关键词是"门"，请阅读以下文章来学习如何描述家居环境（扫描二维码看译文）。

When you come into our living room, you will see a shoe shelf. There is a sofa opposite it. Beside the sofa, there is a tea table. There are some cups, a teapot, and a vase with lots of beautiful flowers on the table. In the right corner, there is a green plant. There is a table beside the tea table and the plant. Of course there is TV on the table. Our living room is always clean and tidy so I like it very much.

扫码学制作

第二十二课 大象

学习目标

（1）认识大象的身体构造，熟悉大象的生活习性；
（2）熟练掌握蜗轮蜗杆和连杆结构的工作原理；
（3）编程让大象的两条前腿不同步地平稳行走。

关键词汇（Key Words）：大象、蜗轮蜗杆、不同步平稳行走。

 阅读与思考

情景导入：思思和迪迪听了盲人摸象的故事。故事中四个盲人没有见过大象，于是决定摸大象。第一个盲人摸了大象的身子，说大象像是一堵墙。第二个人摸到了象牙，说道："象和又圆又滑的棍子一样。"第三个人摸到象腿，说象和柱子差不多。第四个人摸到大象的尾巴，说象和粗绳子一模一样。很显然，他们都没说对，一定要摸遍象的全身才能知道大象的样子，不能以偏概全。

你能搭建出一头能够行走的大象吗？

设计与制作

设计一头性情温顺又能不同步地平稳行走的大象。

（1）用电机带动蜗轮蜗杆；

（2）蜗轮蜗杆带动连杆结构；

（3）大象的两条前腿做不同步运动。

图 22-1 为参考的大象模型。

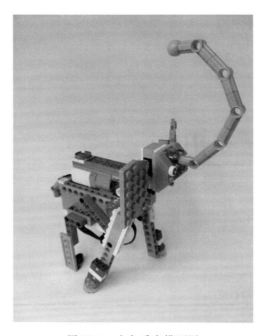

图 22-1　大象乐高模型图

给你的大象编写程序，让它前进和后退，并记录下你的程序（图 22-2 为参考的程序）。大象可以通过连杆结构前进和后退。

图 22-2　WeDo 2.0 程序样例——大象

拓展与提高

请尝试通过改变电机的转速与正反转时间,来改变大象的运动速度与时间。

你还可以试着用其他方法来改变这个模型和它的程序。你能让这头大象正常行走吗?

 检测与评估

评价和标准

作品的执行情况占＿＿％,创意和美观占＿＿％。

执行情况

□ 能够实现大象的平稳行走;

□ 掌握关于大象的知识;

□ 掌握蜗轮蜗杆原理;

□ 尝试改变电机速度,观察实验现象。

创意和美观

A. 别出心裁,独一无二

B. 设计新颖,创意突出

C. 循规蹈矩,创意不明

D. 旧调重弹,有待改进

 STEAM内涵

【"讲"科学】

《小学科学标准》"生命科学领域"中提到,有些曾经生活在地球上的植物和动物现在已不复存在,而有些现今存活的生物与它们具有相似之处。猛犸象就是一种已经灭绝的生物,我们只能通过化石等研究它的习性,也可以比较它和现存大象种类之间的相似之处。下面来学习一下有关大象的知识吧!

大象是目前陆地上最大的哺乳动物,属于长鼻目,这一目只有一科、两属,"一科"即象科,"两属"即非洲象属和亚洲象属。大象广泛分布在非洲撒哈拉沙漠以南、东南亚以及中国南部边境的热带和亚热带地区。

大象通常以家族为单位活动。大象的皮层很厚,但皮层褶皱间的皮肤很薄,因此常用泥土浴的方式防止蚊虫叮咬。象牙是大象防御敌人的重要武器。

大象的祖先几千万年前就出现在地球上。大象家族曾是地球上最具优势的动物种群之一,目前已发现 400 余种大象化石。但由于气候和人为原因,这个族群的种类越来越少。目前地球上的大象种类仅剩亚洲象、非洲草原象、非洲森林象,而且它们也正受到严重的生存威胁。

【"学"技术】

本节课用到了蜗轮传动原理。蜗轮传动装置由蜗杆、蜗轮和蜗轮箱组成,如图 22-3 所示。它的主要作用是:降低传动速度;自锁,蜗轮无法带动蜗杆转动;改变传动方向;省力。我们可以利用蜗轮传动原理制作很多作品。

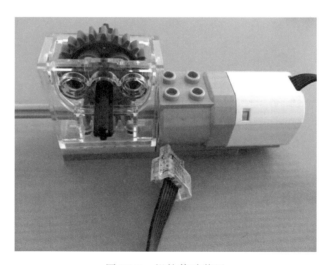

图 22-3 蜗轮传动装置

英语角

【Daily Stories】(难度系数:★★☆☆☆)

本节课的关键词是"大象",请阅读以下文章来学习关于大象的知识(扫描二维码看中英对照)。

Elephant（大象）

An elephant is one of the biggest animals in the world.

Therefore，it eats a lot.

An elephant eats 150-200 kg food a day.

It usually eats twice or three times a day.

An elephant eats 60-70 tons food a year.

So，it eats 15 times more food than it weighs a year.

It also drinks a lot of water.

It drinks 5-7 liters water at once.

附录A 认识WeDo 2.0器件

WeDo 2.0套装是LEGO Education系列产品之一,是乐高(LEGO)公司推出的可以在计算机上直接编程和连线控制机器人的一款简单入门级的新套装。该套装包括280个积木组件、一个运动传感器、一个倾斜传感器及一个马达和一个乐高智能集线器等器件。该套装通过低功耗蓝牙直接与平板电脑或计算机上的配套应用连接,配合本书中的实践案例,可以让学生轻松理解机器人控制的原理,实现基于STEAM理念的项目设计与制作。每个配套应用包括一系列课程,内容包括与搭建乐高积木相关的概念及经典手册。

LEGO Education WeDo 2.0开发套件是特别为对机器人感兴趣的孩子设计的。它的硬件部分包括多种形式的机器人,都是由乐高颗粒组成,和平时玩的乐高玩具并没有区别。但它同时内置了很多传感器,还有MCU等控制系统。它支持图形模块化编程,你需要做的就是在计算机或平板电脑上将一个个功能按一定顺序拖放到一起,从而让这些机器人正常运转起来。这个过程可以让小朋友的逻辑更加清晰,同时提升他们对科技产品的兴趣。

下面详细介绍WeDo 2.0套装中各种硬件器材的基本原理、主要特点和使用方法。

1. 智能集线器(Smart hub)

智能集线器是无线连接电子设备与"创作"模型的电子部件,使用低能耗蓝牙。

智能集线器收到电子设备发出的程序链信息后,模型的电子部件开始执行任务。图 A-1 为智能集线器。

智能集线器的组成如下:
- 两个连接传感器或马达的连接口;
- 一个 LED 灯;
- 开关。

智能集线器使用 5 号电池(+AA)或充电电池。

智能集线器通过不同颜色的灯发出不同的信号,如下所述。
- 白色灯闪烁:等待连接蓝牙。
- 蓝色灯亮:蓝牙连接完毕。
- 橘色灯闪烁:提供给马达的动力达到极限。

2. 中型马达(Medium motor)

马达是"创作"模型的执行部件,可以使物体运动。中型马达通过电力进行轴心旋转。马达可以向两个方向旋转,可以停止,可以设定在特定的时间(精确到秒)内运行,也可以调节不同的速度档。图 A-2 为中型马达。

图 A-1　智能集线器

图 A-2　中型马达

3. 倾斜传感器(Tilt sensor)

倾斜传感器能够感应不同方向的倾斜。它可以探测出以下 6 种不同的角度变化。
- 向此侧倾斜;
- 向彼侧倾斜;
- 向上倾斜;

- 向下倾斜；
- 没有倾斜；
- 震动。

要倾斜传感器探测相应的位置，选择正确的程序块是首要条件。图 A-3 为倾斜传感器。

4. 运动传感器（Motion sensor）

运动传感器可以在一定的距离内探测物体的以下三种运动变化。图 A-4 为运动传感器。

图 A-3　倾斜传感器　　　　　图 A-4　运动传感器

- 物体接近；
- 物体远离；
- 物体改变位置。

要运动传感器探测相应的位置，选择正确的程序块是首要条件。

5. 建构组件

WeDo 2.0 套装中包含"板""积木块"等多种建构组件，可以搭建稳定的结构，如赛车的底盘、大象的身体等。表 A-1 给出了常用的建构组件。

表 A-1　WeDo 2.0 套装中的建构组件

名称	图片	名称	图片	名称	图片
角板 （Corner plate）		扣板 （Buckle）		扣板 （Buckle）	
梁盘 （Beam plate）		屋顶积木 （Rooftop block）		板 （Plate）	

续表

名称	图片	名称	图片	名称	图片
屋顶积木（Rooftop block）		框架板（Framed plate）		瓷砖片（Tile）	
积木（Building blocks）		转盘（Turntable）		瓷砖片（Tile）	
积木（Building blocks）		积木（Building blocks）		积木（Building blocks）	
积木（Building blocks）		弧形板（Arc plate）		圆盘（Disk）	
弧形积木（Arc-shaped building blocks）		屋顶积木（Rooftop block）		倒屋顶积木（Inverted roof blocks）	
板（Plate）		镶嵌梁（Inlaid beam）		镶嵌梁（Inlaid beam）	
弧形积木（Arc-shaped building blocks）		弧形积木（Arc-shaped building blocks）		角梁（Angular beam）	
梁（连杆）（Beam）		带洞的板（A plate with a hole）		屋顶积木（Rooftop block）	
倒屋顶积木（Inverted roof blocks）		屋顶积木（Rooftop block）		积木（Building blocks）	
带洞的板（A plate with a hole）		带洞的板（A plate with a hole）		板（Plate）	

块和板是用来搭建乐高机器人的基本配件,可以用来拼接,从而达到连接和加固的目的。WeDo 2.0套装中提供了不同长度的块和板,可以方便地搭建机器人。块和板的大小是通过乐高单位来度量的,例如1×4个乐高单位的块、6×2个乐高单位的板。熟悉乐高组件的大小是进行乐高机器人搭建的第一步,稳固的结构是机器人搭建的首要要素。

6. 连接组件

WeDo 2.0套装中包含"轴""轴衬"等多种连接组件,可以连接不同的结构,如毛毛虫的身体、轮胎之间的互连等。表A-2给出了常用的连接组件。

表A-2　WeDo 2.0套装中的连接组件

名称	图片	名称	图片	名称	图片
单面镶嵌积木（Single side mosaic）		轴衬（Shaft lining）		轴衬（Shaft lining）	
角模（Angular die）		衔接口积木（Interfacing block）		带洞板（Cavity plate）	
十字口镶嵌积木（Cross mosaic）		单边球积木（Single side ball）		带线轴（With a spool）	
链子（Chain）		阻力接口（Resistance interface）		双边球积木（Bilaterally ball blocks）	
绳子（Rope）		嵌球积木块（Embedded ball block）		角模（Angular die）	
角模（Angular die）		管子（Pipe）		轮轴衔接口（Wheel axle interface）	
十字口球（Cross ball）		轴衬（Shaft lining）			

7. 移动组件

WeDo 2.0套装中包含"齿轮""轮胎"等多种移动组件,可以让我们的作品"动起来"。例如,赛车的移动需要轮胎,自动感应门的开启需要齿轮条。表A-3给出了常用的移动组件。

表 A-3　WeDo 2.0套装中的移动组件

名称	图片	名称	图片	名称	图片
双槽滑轮（Double grooved pulley）		齿轮条（Gear bar）		齿轮模（Gear die）	
圆积木（Circular block）		滑轮（Pulley）		螺旋齿轮（Helical gear）	
齿轮（Gear）		齿轮（Gear）		十字口梁（Cross beam）	
双锥齿轮（Bevel gear）		双锥齿轮（Bevel gear）		轮胎（Tyre）	
轮胎（Tyre）		轮胎（Tyre）		轮轴（Wheel axle）	
接口轮轴（Interface wheel shaft）		轮轴（Wheel axle）		停止轮轴（Stop the axle）	
轮轴（Wheel axle）		轮轴（Wheel axle）		轮轴（Wheel axle）	
锥齿轮（Bevel gear）		皮筋（Rubber string）		滑雪板（Ski）	

8. 装饰组件

WeDo 2.0 套装中包含"花""叶子"等多种装饰组件，可以使我们的作品"美起来"。装饰过程是 STEAM 教育中"求艺术"的表现，WeDo 2.0 套装中的装饰组件是发挥艺术特长的必要材料。表 A-4 给出了常用的装饰组件。

表 A-4　WeDo 2.0 套装中的装饰组件

名称	图片	名称	图片	名称	图片
天线（Antenna）		圆积木（Circular block）		圆积木（Circular block）	
圆眼（Round eye）		圆眼（Round eye）		单口嵌入圆板（Single port embedded circular plate）	
带洞圆板（Circular plate with hole）		圆板（Circular plate）		防滑板（Anti-slide plate）	
草（Grass）		圆积木（Circular block）		叶子（Leaf）	
圆积木（Circular block）		花（Flower）		拆卸板（Disassembly）	

附录B WeDo 2.0基础模型

1. 部件名称：齿轮（Gear）

齿轮是一个有齿的圆盘，可通过旋转使其他部件移动。自行车上就有齿轮，它们和链条连接在一起。多个齿轮啮合传动，就形成了图 B-1 所示的"齿轮传动链"。

图 B-1　齿轮传动链

加速齿轮：大齿轮驱动小齿轮，产生较大的旋转动力。
减速齿轮：小齿轮驱动大齿轮，产生较小的旋转动力。
齿轮用于设计库中的以下基础模型：行走、旋转、转向。
本书中用到该基础模型的项目有：跳舞的鸟、足球守门员。

2. 部件名称：锥齿轮（Bevel gear）

锥齿轮带有尖角，它可以垂直啮合于另一个齿轮，改变轴心的旋转。如图 B-2 所示为垂直啮合模型。

锥齿轮用于设计库中的以下基础模型：左右摇摆、摇摆、推动、转向。

本书中用到该基础模型的项目有：月球探测车、联合收割机。

3. 部件名称：齿轮条（Gear bar）

齿轮条是一个齿条与圆形齿轮组合在一起的平面部件，如图 B-3 所示。这组齿轮条改变了常规的旋转模式——齿轮的直线运动。

图 B-2　垂直啮合模型

图 B-3　齿轮条

齿轮条用于设计库中的以下基础模型：推动。

本书中用到该基础模型的项目有鳄鱼、自动感应门等。

4. 部件名称：螺旋齿轮（Helical gear）

螺旋齿轮看起来像螺丝，可以与齿轮啮合。螺旋齿轮是为了驱动普通齿轮而设定，但齿轮不可推动螺旋齿轮，这也是刹车的原理。如图 B-4 所示为蜗轮蜗杆箱模型。

本书中用到该基础模型的项目有大象、奔跑的小巨人等。

图 B-4　蜗轮蜗杆箱模型

5. 部件名称：连杆（Beam）

连杆用于连接旋转部分，成为一个活塞，如图 B-5 所示。活塞是机器的一个运动部件，可将马达产生的能量转变成向上/向下或向前/向后的运动动力。活塞可以推、拉或驱动同台机器上的其他部件。

本书中用到该基础模型的项目有叉车、毛毛虫、跳舞的鸟、大象等。

6. 部件名称：轮胎（Tyre）

轮胎是一个通过旋转轴制造推进动力的圆形组件，如图 B-6 所示。轮胎用于设计库中的以下基础模型：摇摆、直线行驶、行驶。

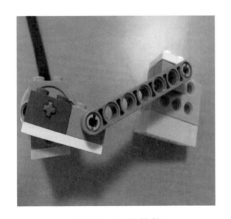
图 B-5　连杆结构

图 B-6　轮胎

本书中用到该模型的项目属于小车类作品，如月球探测车、扫地车、叉车等。

7. 部件名称：滑轮（Pulley）

如图 B-7 所示，滑轮上有槽，皮带可以嵌于其中。皮带在这里用橡皮筋代替，连接马达和滑轮两个部分。马达带动皮带转动，从而实现马达与滑轮的联动。

本书中用到该基础模型的项目有联合收割机、扫地车、跳舞的鸟、鳄鱼等。

加速滑轮是一个大滑轮带动小滑轮，可以产生更多的旋转动作，如图 B-8 所示。

减速滑轮是一个小滑轮带动大滑轮，可以产生更少的旋转动作，如图 B-9 所示。

交叉滑轮用于构成相互平行但旋转方向相反的两个轴，如图 B-10 所示。

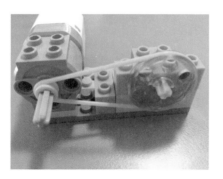

图 B-7 滑轮

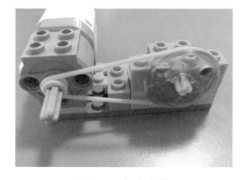

图 B-8 加速滑轮

图 B-9 减速滑轮

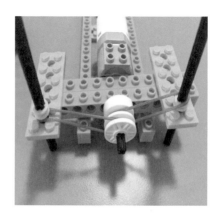

图 B-10 交叉滑轮

附录C 机器人教育课程笔记(示例)

本书适合于在小学阶段开展机器人教育课程使用。机器人教育课程可在搭建 WeDo 机器人的基础上,利用各种编程概念对模型进行编程,在不断的试错、调试中,设计和创造新的解决方案。编程概念包括所有程序设计中必需的功能和流程,在 WeDo 编程环境中已将基本的功能进行了分类,并以模块化的方式显示,有助于初学编程的中小学生实现程序设计。

编程是编写程序的中文简称,就是通过计算机代码解决某个问题。为了使计算机能够理解人的意图,必须将需要解决的问题的思路、方法和手段通过计算机能够理解的形式告诉计算机,使得计算机能够根据人的指令一步步去工作,完成某种特定的任务。这种人和计算机体系之间交流的过程就是编程。在具体实验中,模块化的设计使得学生在想要赋予他们创造的机器人生命时,可以拖动程序条上的程序块来创建程序链(相当于 C 语言中的源程序)。他们可以创造多个程序链,实现在编程中需要的条件判断和循环等基本功能。

在表达解决问题的具体思路方面,流程图(Flow Chart)是使用图形表示算法的一种好方法。以特定的图形符号加说明文字来表示算法的图称为流程图,又称框图。表 C-1 列举了绘制流程图时需要用到的基本模块和结构,建议读者在"我的课堂记录"中使用流程图的方法来记录编程思路。

表 C-1　流程图的基本元素

元素名称	元素的图形符号	元素名称	元素的图形符号
处理框（矩形框）	▭	连接点（圆圈）	○
判断框（菱形框）	◇	流程线（指向线）	→
输入输出框（平行四边形框）	▱	注释框	▭
起止框（圆弧形框）	⬭		

图 C-1 给出了三种基本的程序设计结构流程图，包括顺序结构、选择结构和循环结构。其中，顺序结构是按照编程思路一步步完成程序动作。选择结构是在判断某个条件是否满足的前提下，分别执行不同的动作。循环结构是在判断条件的前提下，重复执行同一动作。

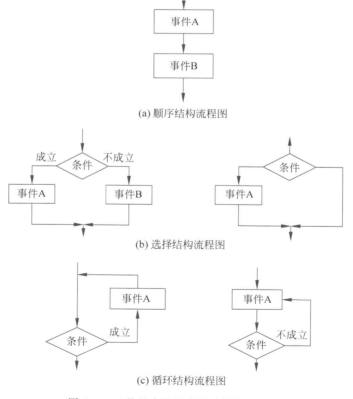

(a) 顺序结构流程图

(b) 选择结构流程图

(c) 循环结构流程图

图 C-1　三种基本的程序设计结构流程图

附录C 机器人教育课程笔记(示例)

下面给出机器人教育课程笔记的示例。在课堂上,教师可以要求学生按照表格记录课程原理,并在"我的课堂记录"部分以流程图的方式记录本节课的编程思路,在团队成员深入讨论的基础上,在 WeDo 编程软件中完成程序编写与调试,实现所设计机器人的基本功能。

机器人教育课程笔记(示例)

学生姓名	***	课程名称	避 障 车
课程原理	学习目标: (1) 了解智能汽车(避障车)的基本原理; (2) 了解避障车的工作原理; (3) 掌握避障车的工作原理。 工作原理: 　　齿轮垂直啮合的原理。 避障车的工作原理: 　　在搭建避障车时,智能集线器中的电池相当于油箱,为小车提供了动力。电机的齿轮在程序控制下转动,进而带动小车的车轮转动。当运动传感器检测到前方的障碍物时,会传递信息给集线器,由集线器控制电机转动,使小车停下来。			
我的课堂记录			
目标达成: (1) 通过本节课的学习,了解了智能汽车的发展,更加理解人工智能能够让我们的生活变得越来越便捷。 (2) 通过老师的讲解,能够搭建出避障车的主要模块,最终完成避障车的搭建。 (3) 掌握了齿轮啮合的基本原理和简单的编程知识。 遇到的困难: (1) 在搭建过程中发现自己搭建的避障车容易散架,通过老师的指导学会了用扣板进行固定。 (2) 编程学习中,无法理解运动传感器的检测原理,通过老师的举例解释得以理解。 程序流程图: 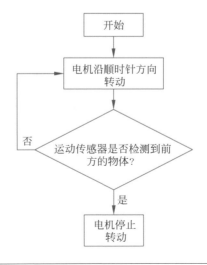			

续表

我的课堂记录
程序展示： 

表 C-2 给出了教师对机器人作品的创意、功能方面的评价示例。教师可同时对学生在展示作品环节中的语言表达进行评价和建议。

表 C-2　机器人教育课程笔记（示例）

笔记项目	创意方面	功能方面	语言表达	团队合作
评价内容	创意点多，创意新颖	功能设置合理、完备	语言精练，表述清晰	分工合理，合作顺畅
	有创意，但创新点不足	有多种功能的设置	用词准确，表达完整	能进行分工合作
	创意不足	功能设置单一	表述不够完整清晰	分工合作不顺利
评分	☆☆☆☆☆	☆☆☆☆☆	☆☆☆☆☆	☆☆☆☆☆

注：请根据实际情况，给☆涂色。★★★★★为"优秀"，★★★★为"良好"，★★★为"合格"，★★及★为"需努力"。

下面给出教师对本节课学生表现的综合评价和建议示例。

机器人教育综合评价（示例）

今天我们又是收获满满的一天。***小朋友在今天的课程搭建中表现得非常积极、主动，认真聆听老师的讲解后，能够快速搭建出本节课的基础模型部分，遇到问题时尽自己的努力去解决，同时也能够主动帮助同学寻找零件，表现得非常好，值得表扬。

当然，我们的小朋友在搭建过程中也存在一些问题：搭建的作品不够稳固，容易散架；同时编程环节还比较薄弱。希望***小朋友在接下来的课程中能够加强练习，老师也会更加注重对搭建能力和编程思维的培养，期待下节课***小朋友有更加出色的表现噢！

参 考 文 献

[1] DEES S.50个超棒的乐高创意搭建[M].林业渊,译.北京:人民邮电出版社,2017.
[2] BEDFORD A.乐高搭建指南[M].王睿,译.2版.北京:人民邮电出版社,2014.
[3] KRASEMANN H,FRIEDRICHS M.玩转乐高BOOST:超好玩的创意搭建编程指南[M].北京:机械工业出版社,2019.
[4] 埃尔斯莫尔.乐高创意指南——电影世界[M].卢冰,孟辉,韦皓文,译.北京:人民邮电出版社,2015.
[5] 克朗.跟着大师玩乐高 奇妙的交通工具[M].北京:人民邮电出版社,2017.
[6] TROBAUGH J J.乐高机器人EV3设计与竞赛指南[M].孟辉,韦皓文,译.2版.北京:人民邮电出版社,2018.
[7] 拉斯特.乐高创意手册[M].毛光明,等译.北京:科学普及出版社,2014.
[8] 索尼国际教育公司.神奇的逻辑思维游戏[M].2版.北京:北京日报出版社,2015.
[9] 戴乐高.乐高妙妙屋[M].北京:人民邮电出版社,2017.
[10] 任友群.乐高教育STEAM基础教程[M].上海:华东师范大学出版社,2019.
[11] 乐高教育 WeDo 2.0 课程包[EB/OL].[2022-09-01].https://max.book118.com/html/2019/1220/8131114062002071.shtm.
[12] 中华人民共和国教育部.义务教育小学科学课程标准[EB/OL].[2022-09-01].http://www.moe.gov.cn/srcsite/A26/s8001/201702/W020170215542129302110.pdf.